SUR LES LIGNES

D'ANCIEN NIVEAU

DE LA MER

DANS LE FINMARK,

PAR M. A. BRAVAIS,

MEMBRE DE LA COMMISSION SCIENTIFIQUE DU NORD.

La question générale des soulèvements est, sans contredit, l'une des plus graves de la géologie moderne, et se lie à plusieurs points importants de la physique du globe. Des documents exacts sur l'étendue du territoire soulevé, sur le changement en hauteur éprouvé par chacune des divisions qui le composent, formeraient un fait topographique de haute valeur, propre plus tard à dévoiler les causes encore mystérieuses de ces phénomènes. Or, il est facile de concevoir combien sont grandes les difficultés qui entravent la précision de ces déterminations. Si le changement de niveau s'effectue avec lenteur, comme la côte du golfe de Bothnie et celle de Pouzzoles en offrent des exemples, cette lenteur même s'oppose à ce que nous puissions réunir les éléments de la solution de la question avant un laps considérable d'années. Quant aux soulèvements brusques dont la sphère d'activité paraît, en général, plus restreinte et dont la cause semble résider en des influences volcaniques, le petit nombre de données hypsométriques exactes que nous possédons dès aujourd'hui sur la forme de l'écorce de notre globe, ne permet guère aux géologues d'étendre leurs recherches au delà du littoral, et de suivre jusque dans la partie interne des continents les effets de la force ascensionnelle. La rareté de ces phénomènes, leur apparition presque toujours inattendue, sont autant de nouveaux obstacles dans ce genre d'investigations.

Si, de l'époque présente, nous passons maintenant aux faits analogues d'une époque antérieure à tous les souvenirs historiques, il semble au premier abord que le cercle des difficultés à vaincre doive s'élargir encore, et qu'il y aurait de l'imprudence à vouloir jeter quelques lumières sur des perturbations d'une date aussi reculée, avant qu'une longue observation ait porté son flambeau sur leurs analogues de l'ordre actuel. Quelques réflexions sur les souvenirs laissés par ces anciens changements détruisent toutefois ce premier aperçu. Et d'abord, les portions de côte soulevées conservent encore de nombreux vestiges du séjour des eaux; des masses alluviales de sable et gravier, des dépôts d'argile semblables à ceux de formation actuelle, abondent souvent dans ces parages, et s'y montrent mélangés de coquilles marines analogues aux espèces actuellement vivantes sur le littoral. Chacun de ces restes de la mer fournit, pour la fixation de l'ancien niveau des eaux, une sorte de *limite inférieure*, document précieux pour le géologue. L'étude de ces anciens soulèvements offre de plus à l'observateur l'avantage de pouvoir étendre ses recherches sur des zones considérables de la surface terrestre; ce n'est plus, dès lors, l'étude bornée d'une localité restreinte, c'est une multitude de rivages plus ou moins favorablement situés, dont le champ de ses études lui permet le choix.

Mais la mer a laissé sur certaines côtes d'autres traces, sinon plus incontestables, du moins plus précises, de son contact, et il n'est pas rare que l'on puisse retrouver l'ancien littoral à une certaine distance du littoral actuel, et le discerner à des signes que nous aurons bientôt l'occasion de faire connaître. Suivre une de ces anciennes lignes de niveau sur une considérable étendue, s'assurer, chaque fois qu'une interruption se présente, de la continuité des divers fragments qui en constituent la partie visible, constater que cette ligne, ainsi recomposée, est ou n'est pas horizontale, telle est la voie ouverte pour retrouver quelle a dû être la valeur linéaire du soulèvement suivant la direction *générale* des bords de la mer. Si, de plus, par une circonstance exceptionnelle, la côte est pénétrée profondément par des baies longues et étroites; si elle est séparée de la pleine mer par de nombreux groupes d'îles jetés devant elle, chacune des perpendiculaires abaissées de la partie la plus intérieure de chaque baie sur la périphérie externe *la plus générale* de la côte, fournit à l'observateur une nouvelle direction suivant laquelle il pourra échelonner de nouvelles mesures hypsométriques pour la détermination de la valeur du soulèvement perpendiculairement à la côte. D'un pareil système de données résulteraient des déductions plausibles sur la loi qu'a suivie la force ascensionnelle dans les parties centrales de la terre ferme, et une solution, incomplète sans doute, de l'ensemble du problème, mais capable toutefois de rendre d'utiles services à la science.

Parmi les diverses contrées maritimes, il en est peu dont le littoral soit mieux approprié par sa configuration générale à ce genre d'études que le royaume de Norvége, et, par une circonstance heureuse, la marque des exhaussements du sol s'y voit non moins évidente que sur tout autre point du globe. Un géologue bien connu, M. le professeur Keilhau de Christiania, après avoir accompli plusieurs voyages dans cette contrée, a réuni dernièrement les faits observés par lui à ceux déjà reconnus par ses devanciers, et de ce faisceau de preuves consignées dans son Mémoire [1], le fait du changement de niveau ressort avec une entière évidence. Ce n'est plus une étroite portion de côte, c'est la Norvége entière, depuis le cap Lindesnæs jusqu'au cap Nord, et par delà ce dernier jusqu'à la forteresse de Vardhuus, qui a été soulevée à une époque antérieure aux monuments historiques. Sur la côte sud-est, ainsi que dans la province de Drontheim (*Trondhiem*), nous savons aujourd'hui que ce soulèvement a atteint environ 200 mètres de puissance, et des restes organiques

[1] Om Landjordens stigning i Norge. *Nyt Magazin for Naturvidenskaberne.* — Keilhau. Christiania, 1837.

ont été retrouvés jusqu'à 160 mètres d'élévation. Les lignes qui dénotent l'ancien niveau de la côte ont été vues et mesurées sur plusieurs points ; chacune de ces lignes, à la vue, paraît exactement horizontale : le défaut d'horizontalité, s'il existe, est assez faible pour ne pouvoir être apprécié par ce moyen, et pour se perdre dans l'effet général de la perspective linéaire. Cette circonstance, en obligeant à reculer fort loin l'intersection possible des lignes avec le niveau actuel des mers, relie les observations entre elles, et empêche de fractionner le phénomène général en une multitude de petits soulèvements locaux et indépendants les uns des autres. Ainsi le champ de la question se trouve aujourd'hui déblayé par l'important travail de M. Keilhau; le soulèvement est constaté dans toute sa généralité; mais il reste encore à poursuivre autour des grandes baies de la Norvége et de leurs îles adjacentes, les courbes qui dénotent les niveaux antérieurs, à mesurer leur hauteur au-dessus de la mer en des points assez rapprochés pour qu'il ne subsiste aucun doute sur la loi des exhaussements intermédiaires[1], enfin à suppléer, partout où faire se peut, à la non-continuité de ces lignes.

[1] « Les lignes de niveau du Finmark, dit M. Keilhau, ont « environ 50 à 100 pieds d'élévation; il est à désirer que l'on « en effectue des mesures exactes sur plusieurs points, vu l'importance de constater si leur hauteur est ou n'est pas la même « partout. Pendant mon voyage, j'avais constamment raisonné « suivant la première de ces suppositions; mais je conçois aujourd'hui l'entière possibilité de la seconde. » Keilhau, Reise i Jemtland og Nordre Trondhiems Amt. *Nyt Magazin for Naturvidenskaberne*, tom II, p. 57. Christiania, 183?.

Ce travail est immense, si l'on considère le vaste développement du littoral de la Norvége : il peut heureusement se subdiviser en portions, d'une part, assez restreintes pour ne point dépasser les forces du voyageur ordinaire, assez étendues, de l'autre, pour le conduire à des résultats qui, malgré leur petit nombre, ne soient pas dépourvus de tout intérêt.

Sous ce point de vue, j'ai cru devoir profiter d'une année entière de séjour dans la province de Norvége appelée Finmark, et vulgairement Laponie, vers les 70e et 71e degrés de latitude nord, pour y étudier cette classe de faits dont M. Élie de Beaumont, dans ses instructions, nous avait signalé toute l'importance, pour y mesurer et reconstruire les lignes des niveaux antérieurs, depuis la partie la plus interne de la grande baie d'Alten, jusqu'à la petite ville de Hammerfest, sur un développement de 16 à 18 lieues marines (9 à 10 myriamètres). Après avoir exposé, en dehors de toute idée préconçue, le résultat immédiat de mes observations, on me pardonnera d'indiquer quels faits analogues ont été déjà indiqués dans le reste de la Norvége arctique, d'y ajouter succinctement quelques autres faits de même ordre observés dans le sud de la même contrée, en Suède, au Spitzberg, et même dans le nord de l'Écosse; leur exposition ne saurait être inutile pour jeter tout le jour possible sur mes observations elles-mêmes.

Le golfe d'Alten ou Alten-fiord (du mot norvégien *fiord*, baie étroite et profonde), l'un des plus remarquables du Finmark, est ainsi nommé du district d'Alten qui forme son extrémité méridionale, et de la rivière d'Alten-elv (*elv*, fleuve, rivière), laquelle, venant du sud, lui verse le tribut de ses eaux auprès du village d'Elvebakken. La direction générale du fiord court du N. N. O. au S. S. E., et un double rideau d'îles le protége contre l'Océan. Sur le premier plan, Stiernöe, Seiland, Qualöe (*öe* se prononce *eu*) forment une rangée qui vient s'arc-bouter sur la presqu'île Alteid. Un second plan, formé par les îles Arenöe, Söröe, Rolfsöe, Jelmsöe, Maasöe et Mageröe, achève de séparer le continent d'avec la mer du Nord par une série qui renferme cependant quelques lacunes. Les canaux étroits et profonds (*sund*, en norvégien, prononcez *sounde*) qui séparent ces îles entre elles et du continent peuvent, ainsi que les fiords qui y aboutissent, être considérés comme de véritables lacs, à la différence près des flux et reflux qui journellement les sillonnent, et des autres courants de l'Atlantique dont la direction normale du S. O. au N. E. est aujourd'hui, pour ces parages, assez rigoureusement établie. A l'exception de la vallée de l'Alten-elv, dans les dernières lieues de son parcours, les terres sont hautes et escarpées ; les montagnes s'élèvent de la plage même ou n'y laissent qu'une lisière de peu d'importance; les vallées sont courtes, étroites et à pente rapide; de telle sorte qu'un changement considérable dans le niveau des eaux n'apporterait en général que des modifications insignifiantes dans la forme du littoral. Cette circonstance contribue singulièrement à faciliter la recherche des lignes de l'ancien niveau de la mer, en les tenant rapprochées du rivage actuel. Longeant avec une embarcation les contours des terres, je descendais sur le bord dès que l'existence d'une de ces lignes m'était constatée, et, en quelques minutes, je pouvais, au moyen du baromètre, obtenir l'altitude cherchée. Un tableau joint à ce mémoire donne l'ensemble de tous les éléments hypsométriques ainsi obtenus : on le trouvera, ainsi que la note explicative qui le concerne, dans la grande publication de laquelle ce mémoire est extrait. Je dois seulement faire remarquer que par *hauteur au-dessus de la mer* j'ai constamment voulu désigner la *hauteur au-dessus du niveau moyen de la mer*.

§ Ier. *Des deux principales lignes d'ancien niveau.*

Il existe deux étages fort distincts des lignes des niveaux antérieurs, lesquels correspondent sans doute à deux périodes distinctes de soulèvement : peut-être même en existe-t-il d'autres intercalaires; mais leur existence est moins certaine; je traiterai à part et un peu plus loin ce qui les concerne. Les deux lignes principales que nous venons d'indiquer contournent le littoral suivant des courbes qui lui sont concentriques et parallèles (Voir la carte jointe au Mémoire), et malgré de longues interruptions, elles reparaissent fréquemment et à des intervalles assez rapprochés pour qu'il ne puisse, ce me semble, exister aucun doute raisonnable sur leur continuité, d'un bout à l'autre de leur cours. Les deux dénominations *ligne supérieure* et *ligne inférieure* suffiront pour les distinguer l'une de l'autre.

La vallée de l'Alten-elv est recouverte vers son extrémité inférieure par un terrain puissant d'alluvion dont la présence doit être attribuée à la rivière même. C'est surtout à son embouchure, près du village d'Elvebakken, que ce terrain s'offre sous un remarquable aspect, comme le montrent la carte générale et le dessin topographique ci-joint [1].

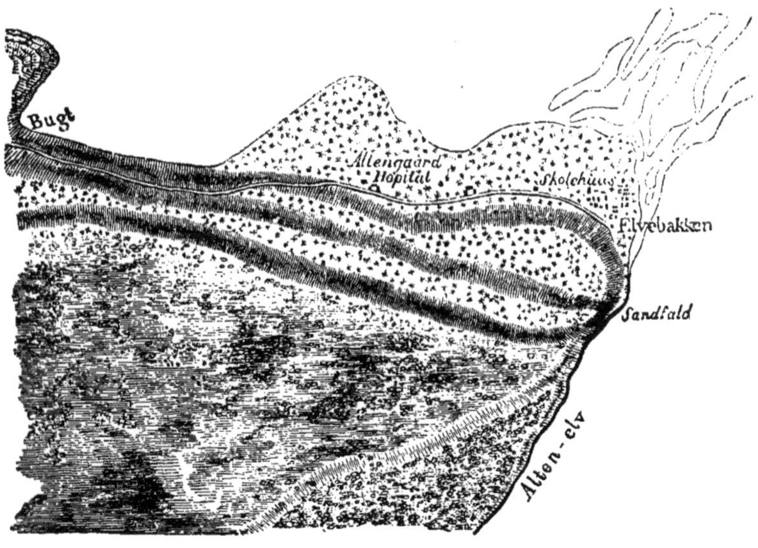

Depuis le Kongshavnsfield jusqu'à ce village,

[1] On peut aussi consulter la carte topographique des environs de Bossekop, dressée par M. Lilliehöök.

règne, à 68 mètres au-dessus des eaux actuelles, un plateau singulièrement horizontal, terminé vers la mer par une pente rapide, et formant parallèlement à la côte un grand arc concave de près de 3000 mètres de longueur. L'extrémité orientale de cette plate-forme s'avance vers le nord-est comme un éperon aigu dont la base est encore aujourd'hui rongée par les eaux du fleuve qui vient la battre presque de front. Aussi ce monticule semble-t-il se dégrader journellement de ce côté; les matières meubles qui le composent glissent le long de son rapide talus, et n'y laissent accès à aucune autre végétation que celle de quelques pins ou genévriers rabougris; de là le nom de Sandfald (chute de sable) qu'il a reçu des habitants. Il est facile de juger, sur l'angle même de l'éperon, que ce monticule est composé sur toute sa hauteur de matières arénacées. Le versant du nord, moins roide, n'étant point battu par les eaux de la mer, est aujourd'hui recouvert d'une végétation belle pour ces parages; mais partout, sous les mottes végétales, se retrouvent le sable et les cailloux. L'hospice d'Altengaard (*gaard*, prononcez *gór*, maison, ferme) et le village sont construits sur une assez grande plaine alluvienne, paraissant de formation récente, et dont la surface horizontale est située seulement à un ou deux mètres au-dessus de la mer. Si l'éperon qui termine cette grande terrasse de Sandfald était emporté par le fleuve, il est peu douteux que celui-ci dirigerait son cours vers le village même, et irait ronger les dépôts arénacés sur lesquels il est assis.

Toutes ces circonstances géologiques deviennent claires pour l'observateur qui s'est avancé jusqu'à cette extrémité nord-est de la terrasse. Après avoir rassasié sa vue du spectacle des bords riants du fleuve, après avoir joui du vaste et lointain panorama qu'il découvre de ce belvédère, il pourra voir de l'autre côté de l'Alten-elv des tassements analogues à ceux de Sandfald, et qui venaient jadis se relier à ceux-ci, avant que la force érosive des eaux les eût disjoints. Autrefois, sans doute, le niveau du fleuve était précisément celui de la grande terrasse. Cette présomption se confirme en remontant la rivière jusqu'aux montagnes de Reipas, le Reipasvara (*vara*, montagne, en langue laponne). La rive droite, qui est la plus abrupte, montre, en divers points et sur une paroi presque verticale, des couches sédimentaires alternativement argileuses et arénacées. De loin en loin, sur la rive gauche, la grande terrasse reparaît avec des pentes moins rapides que celles de Sandfald, d'ailleurs avec le même cachet d'horizontalité; mais en vertu de l'inclinaison propre au lit du fleuve, son élévation relativement à ce dernier va sans cesse en diminuant. A la maison d'Eiby (Voir la carte), à environ cinq ou six lieues dans l'intérieur des terres, la même terrasse n'a déjà plus que 28 mètres de hauteur au-dessus de la plaine où est établie l'habitation, peu au-dessus du niveau des eaux de l'Alten-elv [1].

[1] Ce n'est pas seulement vers son embouchure que le lit de l'Alten-elv semble s'être abaissé; à Kautokeino, un degré plus

On pouvait s'attendre à trouver quelques traces du séjour des eaux sur les flancs décharnés du Kongshavnsfield, promontoire escarpé, élevé de 212 mètres, et difficile d'accès, contre lequel vient s'arc-bouter la grande terrasse de Sandfald [1]. Ces traces y sont toutefois fort incertaines. Sur le versant oriental, j'ai rencontré une grande roche minée par-dessous, et qui m'a paru offrir un souvenir incontestable de ce séjour de la mer. La pente trop abrupte du terrain ne me permettait pas de descendre au rivage actuel pour y effectuer une mesure barométrique; mais ma vue pouvant de ce point atteindre la partie méridionale de la grande terrasse de l'Alten-elv, j'ai pu estimer que cette roche devait être placée sensiblement au même niveau qu'elle. De cette montagne jusqu'au Skodevara, la côte a une hauteur inférieure à celle de Sandfald, et il est permis de croire que sous le régime de ces anciennes époques, le Kongshavnsfield formait une île, et que l'Alten-elv ou une de ses

au sud, le fleuve coule entre des falaises sablonneuses très-inclinées, dont les corniches, sensiblement au même niveau sur chaque rive, se prolongent horizontalement à une assez grande distance, et à une hauteur de $20^{m},5$ au-dessus des eaux du fleuve (Voir les observations marquées *Kn* et *Ks* dans le tableau qui termine ce mémoire). Du sommet des falaises de l'Est partent des pentes évasées qui s'élèvent lentement, couvertes de sable; et ce lambeau de terrain d'alluvion atteint une élévation de plusieurs mètres au-dessus de la crête des falaises.

[1] La singulière structure de cette montagne a été décrite par le célèbre Lépold de Buch, *Voyage en Scandinavie,* tome II, traduit par Eyriès, Paris. 1811.

branches venait se jeter dans la mer près de Fogedgaard (prononcez *fogdegór*) : aussi le col évasé qui sépare aujourd'hui Bossekop de la vallée du fleuve est presque entièrement formé de sable et de cailloux roulés analogues à ceux de la grande terrasse.

Après avoir dépassé le Skodevera, nous atteignons la vallée qui forme le fond du Quænvig (*vig*, en norvégien, baie moins étroite et moins profonde que le *fiord*). Cette vallée est entièrement comblée par un épais massif de matières d'atterrissement, dont la surface supérieure, horizontale comme à Sandfald, forme aussi une très-belle terrasse. Une pente rapide et à peu près dépourvue de végétation mène de la corniche formant le rebord de cette plaine jusqu'à la rive actuelle de la baie. Un cours d'eau peu important débouche sur le plateau, et a fait brèche au milieu des assises sédimentaires qui en composent l'épaisseur. La profondeur de cette échancrure n'est toutefois nullement en rapport avec la puissante embrasure taillée au confluent de l'Alten-elv par la force érosive des eaux de ce dernier. A Quænvig, la continuité de l'arête externe de la plate-forme est à peine interrompue, et son horizontalité frappe singulièrement l'observateur qui l'examine du milieu de la baie.

Pénétrant encore plus avant dans le fond du fiord d'Alten, entrons dans la baie de Kaafiord (prononcez *Kófiord*), obliquement dirigée du N. E. au S. O., et nous y découvrirons une troisième terrasse à l'embouchure du Kaafiord-elv. La rive droite de cette rivière étant fort escarpée, le massif d'atterrissement occupe presque exclusivement la rive gauche. Toute la surface de la terrasse est couverte d'une assez belle végétation soit herbacée, soit arborescente, et une pente très-douce, mais sensible, mène de la ligne suivant laquelle elle s'adosse aux montagnes, jusqu'au rebord qui domine l'embouchure au-dessus de la cascade du Kaafiord-elv. Du point marqué *f* sur la carte, on peut suivre cette *ligne d'adossement*, et la voir se prolonger vers le sud-ouest, en gardant son horizontalité, sur les rochers qui dominent le fiord le plus intérieur. Elle forme en ce lieu une *ligne d'érosion* reconnaissable à la manière dont plusieurs de ces rochers furent rongés, et quelques-uns même renversés par l'action des eaux. Si, du point *g* situé au contraire vers le rebord externe de la terr asse nous jetons les yeux sur la rive droite de la rivière, nous y distinguerons une deuxième terrasse non moins horizontale, mais beaucoup plus étroite, longeant à mi-côte les pentes presque verticales de la rive, et dont la hauteur correspond parfaitement bien à celle de la terrasse *fg*. Dans le nord-est, elle se termine par une ligne d'érosion plus distincte encore que la précédente, et taillée dans la roche vive qu'offre en saillie l'escarpement des flancs de la montagne. Sans doute ces deux terrasses étaient autrefois confondues en une seule due aux atterrissements de la vallée, et elles ont été plus tard disjointes par le courant de Kaafiord-elv. A son embouchure actuelle se retrouve, au niveau de la mer, un delta sédimentaire rappelant, par sa forme, l'ancien delta que devait présenter le niveau supérieur de la terrasse, lorsqu'elle était baignée par les eaux du fiord. Le baromètre a assigné pour le point *f* une élévation de 70^{m},2 et m'a donné 66^{m},7 pour celle du point *g*; le chiffre moyen 68^{m},4 ne saurait différer beaucoup de la hauteur à laquelle atteignait dans ces temps anciens la nappe d'eau qui a donné naissance à la terrasse. C'est cette mesure que je mets ici en regard de celles des terrasses précédentes :

Terrasse de Sandfald.....	68^{m},1	moyenne = 67^{m},4.
Terrasse du Quænvig.....	65^{m},8	
Terrasse du Kaafiord-elv..	68^{m},4	

Si maintenant nous faisons entrer en ligne de compte les erreurs inséparables de la mesure barométrique, si nous avons égard à la difficulté de bien estimer, d'après l'état présent de chaque terrasse, le niveau précis de la masse d'eau cause de sa formation, nous trouverons sans doute que ces nombres offrent un remarquable accord, et nous ne douterons plus que toute la partie méridionale de l'Alten-fiord n'ait été recouverte autrefois par les eaux jusqu'à une hauteur d'environ 67 mètres au-dessus du niveau actuel de l'Océan.

D'autres traces du même genre vont maintenant nous révéler une période plus récente, pendant laquelle les eaux ont dû séjourner à une moindre élévation. Si cette période en effet a existé, on conçoit que des deltas secondaires ont dû à leur tour se former sous cette nouvelle influence, et à un niveau intermédiaire. Les flancs des collines meubles créées par la précédente époque, ont dû, battus par les flots, s'ébouler vers le nouveau rivage, et y former une *berge* serpentant horizontalement le long de leurs pentes. Ce delta secondaire est bien marqué vers l'éperon de Sandfald; mais l'attention de l'observateur est encore plus frappée par la *berge* ou *banquette*[1] qui, de ce point, s'étend jusque vers le Kongshavnsfield.

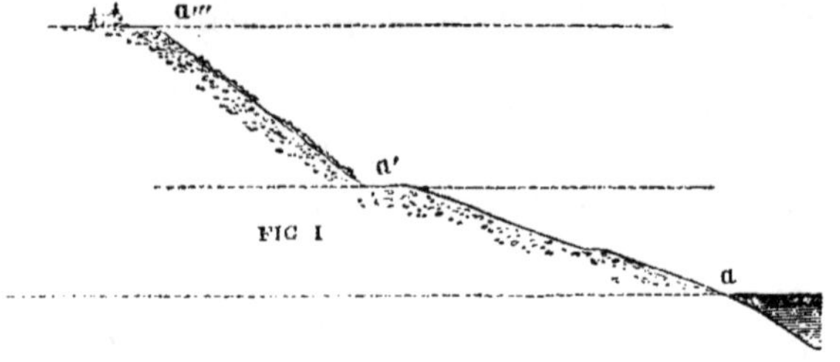

FIG I

J'ai représenté dans la figure ci-jointe la coupe verticale de la grande terrasse, faite au point *a* de la carte; en a''' est la surface supérieure de cette terrasse, légèrement arrondie vers son point de chute. De ce point, une pente rapide a''' a', de 35° à 40° d'inclinaison, conduit jusqu'à la banquette a' : celle-ci est sensiblement horizontale dans le sens de la coupe, et d'une largeur qui égale moyennement 10 mètres. Parfaitement régulière dans tout son parcours, elle imite singulièrement les berges de nos canaux, ainsi que les chemins couverts et banquettes de nos fortifica-

[1] Berge ou banquette, termes par lesquels j'ai cru pouvoir désigner ces sortes de plates-formes courantes; *line*, *shelv* des géologues anglais; *terrasse* de M. Keilhau.

tions, et rappelle à un haut degré ces *parallel roads*, *Fingalian roads* du Lochaber, en Écosse, décrits dernièrement par les géologues anglais [1]. L'opinion qui attribue à l'art ces *parallel roads*, opinion qui avait pu naître sous l'influence d'un aperçu superficiel, mais qui n'a été, ce semble, avancée bien sérieusement par aucun géologue, a été détruite par les preuves les plus décisives [2]; à plus forte raison ne saurait-elle, dans le cas actuel, trouver aucune créance. A la vérité, le chemin de Bossekop à Altengaard suit la surface plane de la banquette pendant une portion de son développement; mais au delà des deux rampes qui mènent de là, soit au sommet, soit au pied de la terrasse, cette banquette continue tout aussi régulière, dans des lieux où aucune raison de tracer jadis une route ne paraît pas avoir pu jamais exister.

Dans le nord-est de Bossekop, au point *b* de la carte, la même ligne se montre de nouveau sur le flanc de la colline alluviale qui sépare ce village de la vallée actuelle de l'Alten-elv. Obscure d'abord, elle devient de plus en plus distincte, en approchant de Bossekop. Ici la berge n'est plus hori-

[1] Macculoch : On the Parallel roads of Glen-Roy. Geolog. transact., vol. IV; 1817. — Lauder Dick : On the Parallel roads of Lochaber; Edimburgh. R. S. Transactions, vol. IX, 1821. — Darwyn : On the Parallel roads of Glen-Roy, etc. Philosophical transactions, 1839. Cette disposition rappelle aussi les terrasses superposées du Val di Noto dont parle M. Lyell. Principles of geology, vol. III, p. 373, etc.

[2] Lauder Dick, l. c., p. 11. — Macculoch, l. c., p. 343 et suiv.

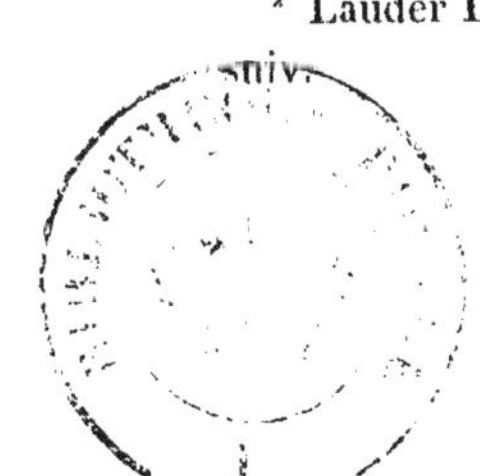

zontale suivant la coupe perpendiculaire au rivage, et sa pente se perd dans la pente générale du sol en-dessous d'elle, comme le montre le dessin suivant.

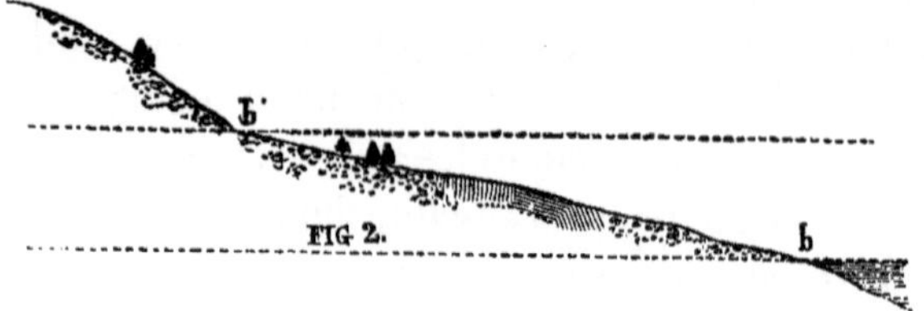

FIG 2.

La suite des points tels que *b'*, où s'effectue dans chaque coupe successive ce changement d'inclinaison du sol, forme toutefois une ligne horizontale assez nette dont j'ai mesuré la hauteur au-dessus de la mer; c'est souvent à un pareil indice que se reconnaissent les lignes d'ancien niveau. Je me sers alors du terme de *lignes de redressement* ou *de ressaut*, pour les distinguer des berges horizontales ci-dessus décrites, ou des lignes de terrasses, ou enfin des lignes d'érosion gravées uniquement sur la roche vive [1]. Entre Bossekop et Fogedgaard, la même ligne reparaît très-nettement; une berge horizontale, d'environ cinq mètres de largeur, et sur laquelle est établi le chemin qui joint ces deux

[1] On peut voir dans M. Lyell, Principl. of geol., vol. II, p. 257, et vol. IV, p. 173, ainsi que dans le mémoire de M. Lauder Dick, page 33, la description de lignes analogues, et même de lignes d'érosion : « It winds very indistinctly amongst « the hollows of the rocks, » dit ce dernier, en parlant de l'une d'elles. Ces lignes d'érosion du Lochaber ne sont pas aussi nettes que celles du Finmark.

lieux, ne permet pas de la méconnaître. Tout le long de ce trajet, la coupe verticale du terrain est très-uniforme, et rappelle celle de la grande terrasse de Sandfald, mais avec des pentes un peu moins roides. Interrompue par le ruisseau de Fogedgaard, elle reparaît plus loin, vers le point *d* de la carte, et peu après, elle redevient de moins en moins distincte sur les pentes abruptes du Skodevara, où le roc nu vient à prédominer de plus en plus. A Quænvig, la même ligne forme un gradin assez apparent sur le talus de la terrasse qui comble le fond de la vallée; mais à l'embouchure du Kaafiord-elv, il m'a paru trop difficile de la discerner sûrement au milieu des étages intermédiaires qui servent de contre-forts à la terrasse supérieure, pour que j'aie cru pouvoir en hasarder la mesure.

Les mesures de hauteur obtenues en ces divers points sont les suivantes :

Hauteur de la ligne en *a*...	$28^m,5$	moyenne = $27^m,7$.
en *b*...	$25^m,6$	
en *c*...	$28^m,7$	
en *d*...	$27^m,9$	

L'accord de ces mesures entre elles n'est guère moins frappant que l'accord des mesures relatives à la ligne supérieure. Ainsi la hauteur moyenne $27^m,7$ représentera pour nous une valeur suffisamment exacte de l'élévation de la ligne inférieure dans cette partie du fiord.

Depuis l'embouchure du Kaafiord-elv jusqu'au cap Öskarnæs (*næs*, cap, promontoire, en norvégien), je n'ai pu retrouver ni cette ligne, ni la ligne supérieure. Le lieu d'ailleurs est peu favorable, vu les grands travaux entrepris depuis une quinzaine d'années sur les montagnes de la côte pour l'extraction du minerai de cuivre. Le cap Öskarnæs est un monticule entièrement formé de matières de transport, et dont le sommet, haut d'environ 40 mètres, ne s'élève pas jusqu'à la ligne supérieure du niveau le plus ancien. Ce monticule a dû être formé sous les eaux de la mer. M. le professeur Keilhau[1] fait voir qu'on pourrait, à la rigueur, le considérer comme une moraine d'anciens glaciers; mais cette opinion lui paraît peu vraisemblable. Le mamelon est séparé de la terre par un isthme peu élevé; de la sorte, tout autour de son sommet conique, on aperçoit les traces d'une berge horizontale qui est ici le représentant de notre ligne inférieure, et dont M. Williams Hooker a signalé la remarquable apparence dans la relation de son voyage[2].

La même ligne se montre derechef sur le cap Krognæs. Au point *h* de la carte, nous avons rencontré, M. le docteur Martins et moi, une petite terrasse enclavée entre deux massifs de rochers, et qui rappelle, par sa situation, ces bancs de gravier qui se forment sous la mer dans des passes étroites[3]. Cette terrasse est entièrement composée de sable et débris sédimentaires, et offre une

[1] Nyt Magazin, 1837, p. 243. Keilhau.

[2] Notes on Norway; Glascow, 1837, p. 109. Williams Hooker.

[3] Ces bancs sont désignés sous un nom spécial, *heal*, par les Norvégiens. Voir M. Keilhau, Nyt Magazin, 1837, p. 223 et 241.

longueur d'une cinquantaine de mètres. Sa face nord-est descend en un talus rectiligne jusqu'à ce qu'elle rencontre un terrain à pente plus douce; cette rencontre s'effectue suivant une ligne de ressaut droite et horizontale.

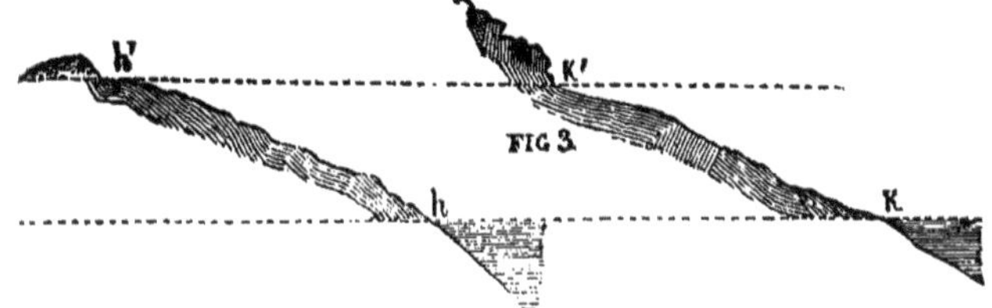

Nous donnons ici une coupe de ces mouvements du sol. En *h'* est la ligne de ressaut; au-dessus se voit la petite terrasse que nous venons de décrire. A l'ouest du cap, la même ligne reparaît plus évidente encore, et, partant de là, contourne une partie du Meelvig, en se dirigeant de l'est à l'ouest, le long de la pente rapide de la montagne. Au point *k*, elle forme une ligne de redressement brusque dont *k'* offre la section (voir les profils annexés à la carte); puis, de distance en distance, elle devient ligne d'érosion au milieu des rochers qu'elle traverse. Sa banquette est assez mal indiquée; toutefois l'inclinaison générale du terrain est notablement adoucie en-dessous d'elle, et l'effet contraire a été produit sur la pente située au-dessus[1]. La hauteur au point *h*

[1] Cet escarpement dominant la berge, et plus rapide que la pente moyenne du reste du terrain, est ici un phénomène fréquent. D'après Macculoch (l. c., p. 337 et pl. 18), le même fait est beaucoup plus rare dans le Lochaber.

est de $26^{m},0$: en k, elle est de $23^{m},0$. La moyenne de ces résultats est $24^{m},5$.

Je n'ai pu retrouver avec certitude la même ligne dans l'anse de Talvig[1]. Une formation d'un étage différent est révélée, au point marqué i sur la carte, par une terrasse entièrement alluvienne, et dont la surface, presque exactement horizontale, est élevée de $56^{m},5$ en i''' au-dessus des eaux du fiord.

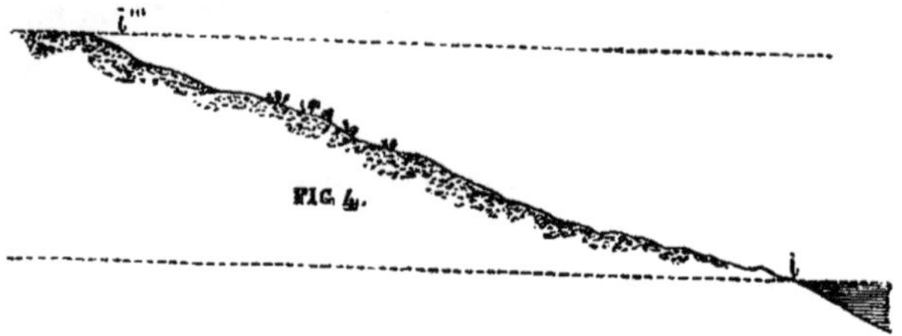

FIG. 4.

Cette terrasse, dont nous offrons ici le profil, comble une petite vallée descendant du nord-ouest au sud-est, immédiatement au-dessus du ruisseau qui coule au nord du Præstegaard : l'arête qui la termine est une ligne légèrement concave, d'environ 200 mètres de longueur. De là part une pente douce un peu ondulée qui se relie latéralement aux pentes de l'amphithéâtre dans le fond duquel est creusé le bassin de Talvig. Le Talvig-elv, cours d'eau plus important que le précédent, doit avoir donné naissance à une terrasse

[1] Talvig, Meelvig : baie du Pin, baie de la Farine; et cependant le pin s'arrête aujourd'hui à Storvig, et l'orge à Elvebakken! C'est une preuve à ajouter à plusieurs autres d'une diminution de température survenue dans ces parages depuis les époques historiques.

analogue que je n'ai pu voir, la disposition des terres la masquant pour l'observateur placé près des habitations du village. Les deux mesures que nous venons d'obtenir à Krognæs et Talvig sont notablement plus faibles que celles fournies par la partie méridionale de l'Alten-fiord. Les différences ne peuvent être attribuées à des erreurs d'observation. Devons-nous penser que ces lignes correspondent à d'autres périodes de soulèvement? Mais il est possible qu'à des distances un peu grandes, la même ligne d'ancien niveau offre des hauteurs inégales : il est possible qu'elle s'exhausse ou s'abaisse à mesure qu'elle s'approche de l'océan; or, cette dernière supposition va acquérir une entière certitude par nos observations ultérieures.

Toute la partie orientale de l'Alten-fiord ne m'a offert aucune trace bien incontestable des phénomènes qui nous occupent. Je mentionne avec doute l'existence d'une ligne située à un ou deux milles marins[1] au sud du cap Altennæs : ce fut le 17 juin, vers 8 heures du soir, que cette apparence s'offrit à moi. J'ai aussi mesuré une ligne d'érosion sur le Sortbierg, rocher noir et escarpé à l'est du village de Jupvig : sa hauteur au-dessus du niveau moyen est de $24^{m},7$; cette hauteur n'est pas très-sûre; il est probable qu'il s'agit ici de la ligne inférieure.

Arrivés dans la baie étroite de Komagfiord, nous voyons la scène changer et nos deux lignes

[1] Un mille marin vaut 1852 mètres.

d'ancien niveau faisant à la fois leur réapparition. Elles continuent à se montrer dans le Leeredfiord, puis au point marqué *p* sur la carte, enfin sur les faces abruptes du Quænklubb.

Voici les résultats des mesures barométriques :

Hauteur de la ligne supérieure	en *l*.	51m,8	
	en *n*.	53m,7	moyenne=49m,6.
	en *p*.	49m,0	
	en *q*.	46m,0	

J'ai réuni les trois dernières observations en un seul groupe, dont j'ai pris la valeur moyenne, pour m'abriter, autant que possible, des erreurs d'observation. Or, cette ligne est bien, en effet, notre étage supérieur, le même qui a formé les terrasses de Sandfald et de Quænvig, puisqu'aucune trace d'une autre ligne située à une hauteur plus grande n'a pu être aperçue sur toute cette étendue de côte, sur le Quænklubb même, rocher si favorablement disposé, à ce qu'il paraît, pour conserver les vestiges du séjour des eaux.

Les observations relatives à la ligne inférieure donnent des résultats analogues :

Hauteur de la ligne inférieure	en *j*.	19m,9	
	en *l*.	21m,3	moyenne=20m,5.
	en *m*.	20m,3	
	en *n*.	17m,7	moyenne=18m,5.
	en *p*.	18m,9	

Comme ci-dessus, j'ai groupé à part les observations faites dans le Komagfiord, et j'ai pris les moyennes pour les deux groupes ainsi formés. Il n'existe aucun moyen plausible de relier les deux lignes du Vargsund avec celles de l'Alten-fiord, à moins d'admettre un abaissement progressif de ces dernières, comme les observations de Krognæs et de Talvig le faisaient déjà présumer, sans toutefois nous en fournir une démonstration aussi complète.

La ligne supérieure, en reparaissant sur la partie orientale du Komagfiord, s'y présente avec des caractères difficiles à bien saisir. Vue du large, elle se reconnaît à une raie ombrée qui se dessine horizontalement sur la montagne. Les géologues[1] qui se sont occupés de ces questions, font remarquer combien ces apparences sont souvent fugitives, combien elles dépendent de l'état du ciel, du mode suivant lequel la ligne est éclairée, de l'incidence sous laquelle on la regarde, et même de la saison de l'année[2]. « Je dois recommander, dit « M. Lauder Dick, aux observateurs futurs de ne « pas se décider trop vite, ni d'après des appa- « rences trop légères, mais de juger de la continuité « de la ligne par la permanence du niveau; car « l'œil, aidé d'une imagination trop prompte, peut « s'égarer aisément. » Quant à l'inspection immédiate des lieux, elle laisse assez habituellement des doutes graves sur le point où il convient de

[1] Keilhau. — Lauder Dick, l. c., p. 24. — Darwyn, l. c., p. 67.

[2] « C'est surtout au printemps, dit M. Keilhau, que ces lignes « sont remarquables, lorsqu'elles se présentent à l'observateur « avec leurs coupées encore remplies de neiges non fondues. » Om Jordskiælv i Norge-Magazin for Naturvidenskaberne. Christiania; 1835, vol. XII, p. 142.

placer le baromètre, et, qui plus est, parfois sur l'existence de la ligne elle-même. A l'appui de ces assertions, je cite l'observation suivante du professeur Keilhau[1] : « Dans le Nord-östre fiord, près « de Bergen, l'on nous montra, sur le flanc d'une « montagne, une ligne parfaitement horizontale « et d'au moins un demi-mille de longueur[2], qui « ne peut être autre chose qu'une ancienne ligne « de contact entre la terre et la mer. C'est du côté « opposé du fiord, près du Præstegaard Hammer, « et *l'après-midi surtout,* que cette ligne est le plus « visible. Après avoir fixé un point de repère sur « la raie noire à peine interrompue qui se dessi- « nait à nos yeux, nous traversâmes le fiord, et « ayant escaladé jusqu'au point convenu, nous « n'y vîmes, pour ainsi dire, rien qui pût dénoter « un ancien rivage. Les matières meubles n'ont « point été retenues par la pente rapide de (40° « environ) des roches gneissiques de la montagne : « toutefois, les couches sont rongées sur une « hauteur de 5 à 7 pieds, d'où résulte une encoi- « gnure régnant à mi-côte le long de la pente ; « mais cette brèche est loin d'être aussi continue « qu'elle le paraît, étant vue à distance ; elle n'est « bien distincte que là où le roc vif est en saillie, « et elle s'oblitère lorsque reparaissent les frag- « ments de pierre et le gazon. » Toutes les circonstances de cette citation se vérifient dans le

[1] Nyt Magazin, 1837, p. 229.

[2] Le mille norvégien est de 36000 pieds norvégiens : il vaut 6,1 de nos milles marins, et est de 9,83 au degré.

cas présent, et la même description convient assez bien à la plupart des lignes d'érosion que nous aurons encore à énumérer. Souvent, en effet, il est indispensable de se créer, du large, un point de reconnaissance, tel qu'une touffe d'herbes, un arbre, un rocher remarquable qui définisse, pour l'observateur arrivé sur les lieux, le point de la station supérieure.

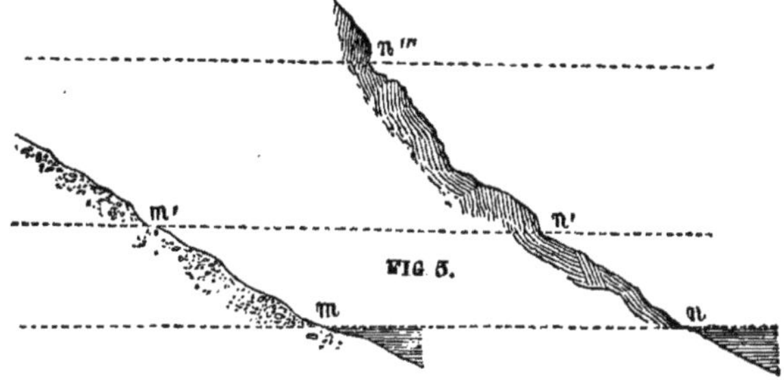

Au point *n*, dans le Leeredfiord, notre ligne offre à peu près les mêmes apparences, et l'on peut en voir la coupe en *n'''* dans le profil ci-joint; véritable ligne d'érosion, lorsque le rocher cesse, elle devient moins nette, et est alors indiquée par le mouvement du sol qui va se redressant au-dessus de la ligne. Au point *p*, à l'extrémité nord d'une anse évasée où se voient quelques cabanes de pêcheurs, la même ligne reparaît sur la saillie d'un petit promontoire; elle y dessine une plate-forme horizontale très-distincte, berge de l'ancien rivage. Enfin, sur les falaises rocheuses du Quænklubb, elle se montre comme une strie d'érosion des plus évidentes. Ce morne présente en effet le plus bel exemple des anciennes courbes de contact entre les deux éléments. Les deux étages que nous avons distingués se dessinent franchement au bas de sa masse conique comme deux raies noires, parallèles au rivage. Les habitants eux-mêmes ne doutent pas que ces deux puissantes stries ne soient un témoignage du séjour antérieur des eaux à ces élévations. Leur force érosive a été grande en ce lieu : les roches usées et les profondes cavernes qui s'y rencontrent laisseraient beaucoup d'arbitraire à l'observation, si d'avance l'on n'avait eu soin de remarquer le point précis où doit se suspendre le baromètre.

La seconde ligne suit à son tour des phases analogues; ligne de ressaut dans le Komagfiord, elle contourne, comme telle, toute la baie, en courant parallèlement à l'ovale du rivage actuel: presque nulle part elle ne cesse d'y être visible. C'est contre elle que les habitants du littoral vont adosser les palissades qui enclosent leurs prairies; toute la lisière oblique, placée entre elle et la mer, est plus verte et plus fertile, résultat sans doute et de la douceur de la pente, et d'un séjour plus prolongé sous les eaux. La figure 5 donne le profil du terrain au point *m*, tel qu'on le juge, en regardant le cap obliquement. Dans le Leeredfiord, la ligne inférieure contourne aussi une notable partie de la baie, et la figure 5 en montre la coupe faite au point *n* de la carte. Dans l'anse située au sud du point *p*, elle forme une simple ligne de ressaut, et redevient ligne d'érosion sur les rochers placés au nord de *p*, ainsi qu'à la base du morne du Quænklubb. De ce dernier cap on la voit se prolonger au loin vers le Næverfiord et le Qualsund sur un grand dévelopement de côtes, et se perdre, pour ainsi dire, dans les limites de l'horizon.

J'ai cherché à retrouver ces lignes de niveau au bord de l'île Seiland, sur la côte septentrionale du Vargsund, mais je n'ai pu y réussir dans aucune de mes traversées. Elles ne reparaissent que dans la partie orientale de l'île, vers les points *o*, *r* et *s* de la carte. De Komagnæs, on peut les voir se dessiner sur la face opposée de l'île Qualöe : on les retrouve sur cette dernière île, dans l'intérieur du Rypfiord, puis de l'autre côté du Langstrandnæs, dans la baie de Hammerfest et sur les bords du lac voisin de la ville; enfin, sur l'îlot escarpé de Höjöe, lequel, malgré sa faible étendue, atteint cependant 150 à 200 mètres d'élévation.

Je réunis ici toutes ces mesures pour rendre plus évidente la loi de l'abaissement successif; je groupe séparément les observations de Seiland et celles de Qualöe, et j'écris à côté la hauteur moyenne correspondante à chacun de ces groupes.

Haut. de la ligne supérieure	en *o*.	$44^{m},9$	moyenne $= 42^{m},65$.
	en *s*.	$40^{m},4$	
	en *u*.	$29^{m},3$	moyenne $= 28^{m},6$.
	en *v*.	$29^{m},9$	
	en *w*.	$28^{m},05$	
	en *z*.	$27^{m},4$	
	en *y*.	$29^{m},15$	
	en *A*.	$27^{m},7$	
Haut. de la ligne inférieure	en *r*.	$16^{m},8$	moyenne $= 16^{m},6$.
	en *s*.	$16^{m},4$	

en t. $13^m,5$ }
en u. $13^m,8$ } moyenne $= 14^m,1$.
en x. $15^m,0$ }

Suivons rapidement ces deux lignes dans leur trajet jusqu'à Hammerfest. La ligne supérieure forme d'abord, au point o, une petite plate-forme horizontale qui longe la montagne au milieu des rochers et au-dessus du cap.

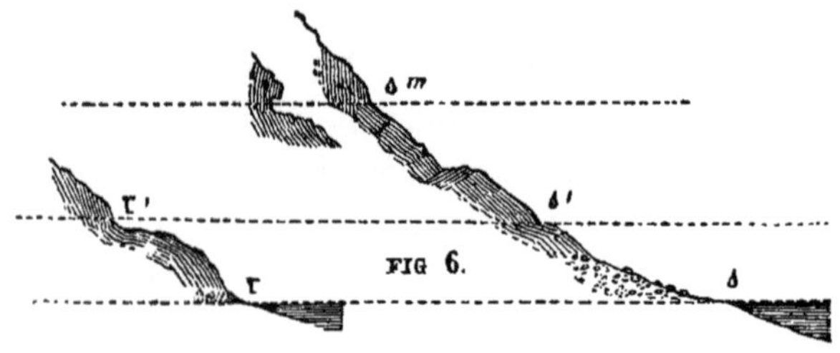

FIG 6.

Elle reparaît en s, et y forme la ligne d'érosion dont nous donnons ici la coupe. J'ai figuré un peu à gauche de s''', la section d'un rocher voisin du point de ma station, et appartenant à la même ligne d'érosion; il est miné en dessous par l'action des eaux.

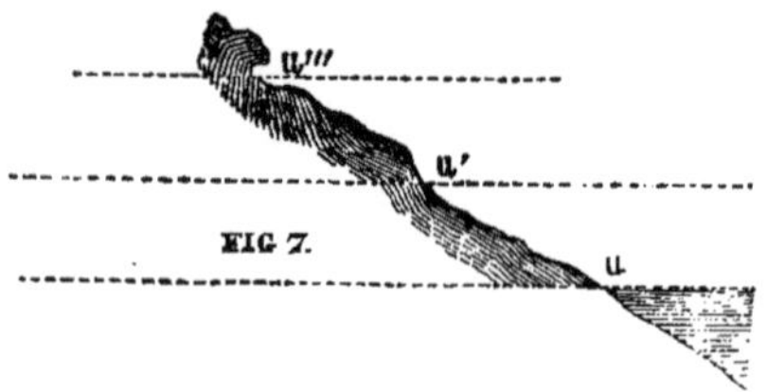

FIG 7.

En u, elle s'offre comme une ligne d'érosion

qui se prolonge autour de l'anse en une ligne de ressaut. Elle borde tout le versant sud de la presqu'île de Langstrandnæs. En *v* et *w*, elle est indiquée de distance en distance par des rochers rongés, sur lesquels il faudra l'observer attentivement et de l'intérieur de la baie, pour éviter toute chance d'erreur. Autour du petit lac de Hammerfest, dont le niveau n'est élevé que de 5m,46 au-dessus des eaux moyennes de la mer, elle court régulièrement sur une berge presque horizontale, s'élargissant vers le point *z*. Elle forme là une véritable terrasse, probablement composée de matières de transport, et due au ruisseau qui coule à côté, mais aujourd'hui entièrement recouverte d'une couche épaisse de tourbe. Le redressement du terrain est fort bien marqué vers la ligne d'adossement de cette terrasse. Au point *A*, sur le Höjöe, la même ligne demande à être vue sous des circonstances favorables d'illumination atmosphérique; sur les lieux, la banquette horizontale qui la décèle ne laisse aucun doute dans l'esprit de l'observateur; mais de Hammerfest, avec une bonne lunette terrestre, il m'a été impossible d'en retrouver les traces.

La ligne inférieure est bien distincte à Rastabynæs, près de l'embouchure du Jern-elv, derrière les habitations finnoises. L'on en voit le profil en *r'* (fig. 6). Au point *s* de la carte (Voir *s'*, fig. 6), l'aspect est encore analogue; tout autour du Rypfiord, cette ligne est très-nettement tranchée (en *u'*, fig. 7), puis elle se dégrade de plus en plus sur les rochers qui bordent la côte entre

Langstrandnæs et Hammerfest. Elle reparaît à l'est

de la ville, sous la forme d'une encoignure concave représentée ici en x' et adossée à la montagne et à la terrasse qui lui sert de contre-fort du côté du lac. On la retrouve assez distincte tout autour de ce lac. Sur l'îlot Höjöe, je l'ai cherchée inutilement ; mais, de ce point, je l'ai vue clairement tracée, ainsi que la ligne supérieure, sur le promontoire qui forme, en s'avançant vers le Söröe-Sund, la pointe nord de l'île Seiland.

Pour pouvoir maintenant embrasser d'un seul coup d'œil l'ensemble topographique du phénomène que nous venons d'analyser, réunissons par groupes nos observations hypsométriques de la manière suivante : 1° celles de la partie sud de l'Alten-fiord ; 2° celles de Krognæs et Talvig ; 3° celles du Komagfiord ; 4° celles du Leeredfiord jusqu'au Quænklubb ; 5° celles de la partie orientale de Seiland ; 6° celles des environs de Hammerfest. Mettons en regard les hauteurs moyennes fournies par ces divers groupes ; nous formerons ainsi les deux séries parallèles de nombres :

$67^{m},4$	$56^{m},5$	$51^{m},8$	$49^{m},6$	$42^{m},65$	$28^{m},6$	ligne supérieure.
$27^{m},7$	$24^{m},5$	$20^{m},5$	$18^{m},3$	$16^{m},6$	$14^{m},1$	lig. inf. 2e soulèv.
$39^{m},7$	$32^{m},0$	$31^{m},3$	$31^{m},3$	$26^{m},05$	$14^{m},5$	..... 1er soulèv.

Ces deux séries ne laissent aucun doute sur la parfaite continuité des lignes, et mettent en évidence leur abaissement progressif. La troisième série de nombres, celle écrite sous les deux autres, a été obtenue en retranchant les nombres de la seconde série de ceux de la première ; la raison en est facile à concevoir. Reportons-nous à l'époque où déjà le premier et le plus ancien soulèvement avait eu lieu, et où la ligne inférieure formait vraisemblablement le niveau de la mer. Les nombres de la troisième rangée horizontale indiquent quelle était, *à cette époque*, l'élévation de la ligne que nous avons nommée *ligne supérieure*, et par conséquent ils doivent mesurer les valeurs linéaires de ce premier soulèvement. D'après ces chiffres, ce soulèvement paraîtrait avoir été un peu plus énergique que le suivant, et surtout avoir été réparti le long de la côte d'une manière moins uniforme : un hiatus considérable existe en effet entre les deux derniers nombres de la troisième série, et laissera peut-être désirer à des esprits scrupuleux quelques observations intermédiaires entre celles de Rastabynæs et celles du Rypfiord; nous reviendrons plus tard sur ce fait. Quant à la valeur absolue de chacun des changements de niveau, les aperçus que nous venons d'indiquer devront être modifiés si l'on intercale d'autres lignes entre les deux qui seules jusqu'ici nous ont occupés.

§ II. *Des autres lignes d'ancien niveau.*

Les deux lignes précédentes ne sont peut-être

pas les seules dont nous devions admettre l'existence. Il nous reste à mentionner quelques observations peu nombreuses dont les résultats ne peuvent s'encadrer parmi les deux séries de nombres obtenues ci-dessus, et par conséquent ne sauraient se rapporter à nos deux lignes principales. Ces observations ont été recueillies sur des lignes d'ancien niveau en général fort mal dessinées, comparativement à la netteté des précédentes. Si ces lignes secondaires représentent, en effet, des périodes réelles de persistance des eaux aux élévations correspondantes, ces périodes subalternes de repos ont dû être bien plus courtes que les deux grandes périodes dont nous venons de reconnaître la réalité. L'un de ces étages serait intermédiaire entre la ligne *supérieure* et la ligne *inférieure;* il formera ce que j'appellerai la *ligne moyenne.* Un autre étage encore plus problématique séparerait la ligne inférieure d'avec le rivage actuel de la mer; de là dérive une division naturelle en deux groupes pour les faits que nous avons à énumérer.

La partie sud-est du Kongshavnsfield offre, vue de Bossekop, une grande strie noirâtre fort apparente.

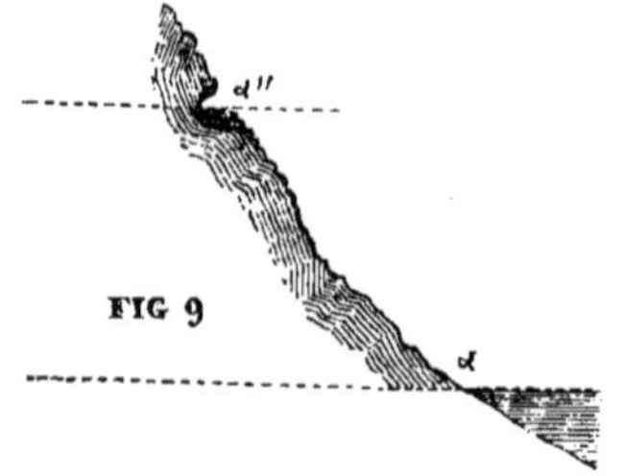

Ayant gravi la montagne, je trouvai en ce lieu des rochers escarpés, singulièrement rongés en dessous, comme le représente la figure ci-jointe, au point α''. L'alignement de ces rochers, dans la partie qui m'était visible du point que j'occupais, me parut parfaitement horizontal : le baromètre assigna $39^{m},3$ pour l'altitude de cette ligne. A Talvig, derrière la maison du marchand norvégien, la ligne γ m'a donné une hauteur égale à $43^{m},1$; mais cette ligne était tellement indistincte, qu'étant retourné plus tard dans le même lieu, je n'ai pu l'y retrouver avec certitude. Au point β de la carte, entre Storvignæs et Krognæs, la côte très-escarpée offre une ligne d'érosion assez bien marquée, mais dont la hauteur est peu précise, vu la grande étendue verticale qu'occupe la partie rongée. Nous avons trouvé, M. Martins et moi, $38^{m},5$ pour son élévation, et nous avons noté que les éboulements produits par la mer montaient encore quelques mètres plus haut. La moyenne de ces trois évaluations indique dans ces parages une hauteur d'environ $40^{m},5$ pour la formation qui nous occupe.

A l'embouchure du Kaafiord-elv, nous avons déjà remarqué que pour atteindre le rebord g de la grande terrasse, en partant du bord de la mer, l'on avait à franchir des gradins intermédiaires dont aucun n'est assez net pour pouvoir être spécialement attribué à l'étage de la *ligne inférieure* ; sans doute, ces gradins sont les vestiges de cette dernière, ainsi que des autres lignes douteuses, que nous considérons en ce moment. A l'éperon de Sandfald, cet effet est encore plus marqué; car on peut voir clairement, entre le niveau supérieur de la terrasse et le delta provenant de la ligne inférieure, un ou peut-être même deux échelons subalternes, lesquels doivent appartenir à la ligne dont nous discutons en ce moment l'existence; et cette localité est si favorable à une claire exhibition de tous ces phénomènes, que cette circonstance est pour moi l'une des plus fortes preuves de la réalité de cette formation intermédiaire. Il est bien remarquable toutefois que cette ligne n'ait laissé aucune trace de son séjour sur la pente a''' a' (voir fig. 1) qui forme la partie supérieure du versant nord de la grande terrasse.

Près de Hammerfest, la terrasse qui domine le cours d'eau par lequel le lac se décharge dans la mer semble devoir son horizontalité à l'action de cette même cause. Les mesures de M. Lilliehöök, l'un de

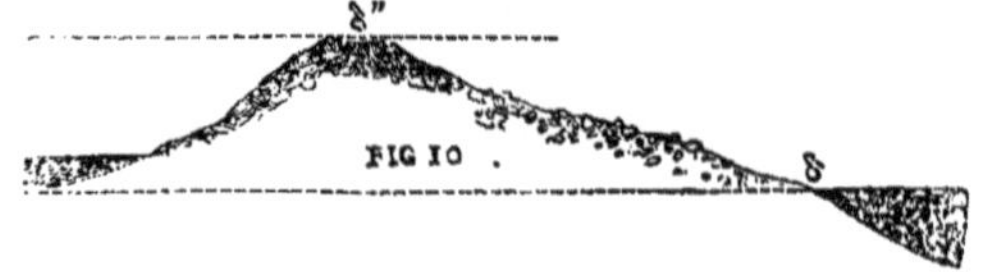

nos compagnons de voyage, donnent 20^{m},3 pour le point x'' (fig. 8), où commence son adossement à la montagne, et 20^{m},9 pour la hauteur de son extrémité nord-est qui domine le lac au point δ de la carte, localité dont la fig. 10 représente la section verticale. De sa partie occidentale part une ligne d'érosion très-indistincte, pour moi du moins, mais dont M. Lilliehöök a cru reconnaître l'existence; cette ligne, franchissant les rochers tombés du sommet de la montagne, se glisserait le long de sa pente, derrière la ville de Hammerfest. La hauteur de cette ligne, mesurée en ε, a été trouvée égale à $21^m,7$. Par une moyenne entre ces trois mesures, nous aurons une élévation générale de 21^m pour la formation correspondante dans ces parages. Il est à croire que cet étage ne diffère pas de celui que nous ont indiqué les observations faites aux points α, β et γ, et que cette ligne aura éprouvé un abaissement analogue à celui de nos deux lignes principales, pendant son trajet depuis le Kongshavnsfield jusqu'à la baie de Hammerfest.

La seconde de nos lignes douteuses paraît avoir laissé une berge sur la pente de la grande terrasse de Sandfald. Dans la fig. 1, j'ai eu soin de l'indiquer, entre *a'* et le niveau de la mer. La hauteur de cette berge est de 10^m. La même ligne aurait aussi laissé une trace analogue au-dessous de Fogedgaard, à une hauteur que j'ai estimé être de 7 à 9 mètres. Je dois aussi faire remarquer qu'entre le petit lac et Hammerfest, la plage actuelle de la mer (voir en *x*, fig. 8) s'étend à une distance considérable de la ligne du niveau moyen, et il serait possible que le ressaut brusque formé au haut de cette plage dût être attribué à cette même ligne. J'ajouterai enfin que, dans des circonstances favorables d'illumination, étant placé au point *a*, j'ai cru reconnaître non moins de quatre lignes d'érosion se dessinant horizontalement sur la montagne qui domine dans l'est l'embouchure de l'Alten-elv.

C'est ici le lieu de mentionner une observation faite par M. Siljeström dans le Tromssund, par 69° 40′ de latitude, et à une distance de 30 lieues marines (17 myriamètres), dans l'O. S. O. de Bossekop, vis-à-vis la ville de Tromsöe; il a mesuré barométriquement trois terrasses superposées, et les résultats de cette mesure sont $67^m,0$, $45^m,5$ et $17^m,2$. Il est très-vraisemblable que le premier de ces nombres doit être attribué à l'étage le plus élevé, c'est-à-dire à notre ligne supérieure, quoique nous manquions d'observations intermédiaires pour établir sa continuité jusque-là; mais il est plus difficile de fixer la correspondance des deux autres mesures avec les étages inférieurs. Il faut cependant remarquer que M. Keilhau a rencontré dans le Langfiord (branche de l'Altenfiord), une ligne d'ancien niveau à 50 pieds norvégiens, ou 16 mètres au-dessus de la mer [1], et que cette ligne, en ayant égard aux observations de Krognæs, ne doit pas différer de notre ligne inférieure de l'Altenfiord. Nous nous rappellerons ensuite qu'au fond de ce dernier fiord, les quatre étages plus ou moins bien reconnus par nous atteignent les hauteurs de $67^m,4$, $40^m,5$, $27^m,7$ et 10^m. Il nous paraîtra plausible, d'après cela, que la mesure $17^m,2$ faite à Tromsöe correspond aussi à cette même ligne inférieure, et que le nombre intermédiaire $45^m,5$ mesure dans le Tromssund la hauteur de notre ligne moyenne.

[1] Cette hauteur a été simplement estimée. *Nyt Magazin*, 1837, p. 242. Le pied norvégien vaut $0^m,3139$.

En résumé, l'existence d'une ligne de niveau intermédiaire entre la ligne supérieure et la ligne inférieure, quoique loin de posséder le haut degré de certitude de ces deux-ci, paraît avoir en sa faveur une grande probabilité, suffisante du moins pour qu'elle soit provisoirement admise. L'existence de la quatrième ligne, la plus basse de toutes, est encore fort douteuse et réclame de nouvelles observations.

L'intercalation de la ligne moyenne altère notablement l'ordre de puissance des soulèvements successifs. Car si nous comparons entre elles les hauteurs de nos trois formations, dans le sud de l'Altenfiord, ainsi que dans les environs de Hammerfest, nous arrivons aux résultats qu'indiquent les colonnes suivantes :

Altenfiord.		Hammerfest.	
67m,4	....	28m,6	ligne supérieure.
40m,5	....	21m,0	ligne moyenne.
27m,7	....	14m,1	ligne inférieure.
0m,0	....	0m,0	niveau de la mer.

En prenant les différences de deux en deux, entre les nombres superposés dans une même colonne verticale, on aura la valeur de chacun des soulèvements partiels, comme on peut le voir ci-dessous :

Altenfiord.		Hammerfest.	
26m,9	....	7m,6	premier soulèvem., ou le plus ancien;
12m,8	....	6m,9	second soulèvement;
27m,7	....	14m,1	troisième soulèv., ou le plus récent.

Sous ce nouveau point de vue, la plus grande

force efficace aurait appartenu au soulèvement le plus moderne.

---

§ III. *Observations et hypothèses sur la formation des lignes.*

Quoique la tendance de la mer ou des lacs à battre en brèche et excaver les falaises du rivage, à former sur leurs bords une plage dont l'étendue est variable, suivant les circonstances locales, soit un fait assez évident de lui-même, peut-être n'a-t-elle pas été étudiée avec toute l'importance géologique que lui assigne l'existence aujourd'hui bien constatée des anciennes lignes du niveau des eaux. Il n'est surtout pas facile de rendre compte d'une manière complétement satisfaisante de la cause qui a déterminé la formation de ces lignes sur tel ou tel point, de préférence aux autres lieux du voisinage. « Je ne puis expliquer, dit M. Keilhau [1], « comment la mer a pu exercer une action aussi « énergique sur les rochers du rivage. A-t-elle em-« ployé à ces érosions un temps extrêmement long? « pouvait-elle alors se geler ou charrier contre la « côte des banquises de glace, ce qui ne s'observe « plus aujourd'hui? » Et ailleurs [2] : « La seule ex-« plication plausible de ce phénomène est peut-« être la débâcle des glaces qui devait avoir lieu « chaque printemps, pendant une longue série « d'années, et pouvait, à la longue, entamer la

[1] Magazin, vol. XI, pag. 56.

[2] Nyt Magazin, 1837, pag. 231.

« roche elle-même ; mais il reste à expliquer pour- « quoi ce fait ne se présente pas avec la même « évidence sur tous les autres points où le roc « semble doué d'une dureté pareille. »

M. Darwyn, dans le mémoire déjà cité sur les lignes du Lochaber, cherchant à se rendre compte de ces différences, leur assigne les causes suivantes : la rapidité plus ou moins grande de la pente, la nature de la roche, la tendance locale de la berge à se recouvrir d'une végétation préservatrice après le retrait des eaux, enfin la configuration du littoral des côtes voisines [1].

Distinguons d'abord les terrasses des lignes d'érosion et de ressaut. Concevoir la première de ces formations n'offre pas de difficultés bien sérieuses. La terrasse est évidemment un phénomène local qui ne peut se manifester qu'à l'embouchure d'un cours d'eau. A ce compte, on devrait retrouver, dans le fond de chacune des vallées qui en possèdent, une terrasse formée par les matières meubles amenées autrefois par son courant : c'est le fait que nous avons observé à Sandfald, à Quænvig, à l'embouchure du Kaafiord-elv, du ruisseau de Talvig, et de celui de Hammerfest. Je n'ai recueilli aucune preuve positive de l'absence de terrasses dans les autres vallées. Il pourrait se faire toutefois qu'après le soulèvement il se fût manifesté des causes tendant à détruire ce dépôt, parmi lesquelles l'une des plus puissantes serait l'influence même du courant de la rivière qui a contribué à le former.

[1] *Philos. Transactions*, 1839, pag. 60.

L'exposition du rivage à une houle plus ou moins forte joue un rôle important dans le phénomène des lignes d'érosion. Certaines côtes sont soumises directement à l'action de l'Océan, capable, pendant les tempêtes, d'ébranler la masse de ses eaux jusqu'à une profondeur que l'observation n'a point encore bien précisée, mais que l'on peut évaluer à une cinquantaine de mètres, sans crainte d'exagération. Nulle comparaison n'est possible entre ces rivages et d'autres plus paisibles que la mer du large ne saurait battre, et qui reçoivent le choc de vagues courtes, venues de faible distance. Il est douteux que l'on puisse découvrir une ligne nette d'érosion sur une falaise faisant face à la pleine mer, et je n'ai point eu, pendant mon séjour dans le Finmark, l'occasion de rechercher sur la face boréale des îles extérieures la continuation des lignes d'érosion que nous a montrées l'intérieur des fiords et des sunds de cette contrée.

Du reste, ces dernières lignes m'ont, en effet, paru répondre à l'idée que je m'étais faite *à priori* de lignes formées sous l'influence de la houle brève de ces parages. On peut voir, en plus d'un endroit du littoral, les flots de la mer travailler actuellement à reconstruire des lignes analogues destinées peut-être à en rappeler un jour le souvenir. Je citerai d'abord le promontoire de Rastabynæs (Voir fig. 6 en *r* et *r'*), où la mer a taillé une coupée tout à fait pareille à celle qui caractérise l'ancienne ligne située à une hauteur de 16 mètres, et dont l'escarpement est tout à fait caractéristique d'après la manière dont les roches sont rongées à sa base. L'intervalle entre cette coupée et le niveau actuel est rempli par une plage de gros galets. Dans le Komagfiord, au point *m* de la carte (Voir fig. 5), dans le Rypfiord près du point *t*, l'endentement formé aujourd'hui par la mer est fort distinct, et le terrain y éprouve un mouvement de ressaut très-sensible à l'œil. Dans les points où la mer baigne encore le pied des terrasses dues aux périodes antérieures, il existe une tendance marquée à la formation des nouvelles lignes de redressement. Les matières meubles s'éboulent sous l'effort des eaux, et amoncelées, elles s'égalisent en forme de berge. Cette forme du rivage se voit clairement au pied de la terrasse de Sandfald (en *a*, fig. 1), ainsi qu'à Hammerfest, entre la ville et l'embouchure du lac, et aussi à l'embouchure de la petite rivière qui se jette dans le fond du Rypfiord. Une coïncidence pareille entre l'aspect des nouvelles et celui des anciennes lignes a été observée par M. Keilhau, à la base de la terrasse de Steenkiær, dans la province de Drontheim [1]. Ainsi c'est sur le flanc des terrasses que l'on doit surtout rechercher les indices destinés à révéler l'existence des soulèvements postérieurs au premier, et ce mode d'exposition est une des circonstances les plus favorables à la manifestation des lignes cherchées.

L'on doit joindre à ces causes, ainsi que l'indique M. Darwyn, la promptitude avec laquelle la berge peut se recouvrir d'une végétation capable

[1] Magazin, vol. XI, p. 54, et aussi pl. 3, fig. 3.

de donner un peu de corps à la surface désagrégée des matières sédimentaires, et de s'opposer aux causes ultérieures de déformation ; c'est sans doute à cette influence préservatrice que l'on doit attribuer en partie l'état de parfaite conservation de la pente de la grande terrasse de Sandfald, entre le Kongshavnsfield et Elvebakken. Toutefois l'on peut risquer ici de prendre la cause pour l'effet ; car la facilité avec laquelle les versants des terrasses se dégradent sous l'influence des agents externes mesure à son tour l'accès qu'elles peuvent donner au règne végétal, et il est à croire que c'est le motif qui s'oppose aujourd'hui au gazonnement de la face méridionale de la même terrasse.

La rapidité de la pente est d'une influence très-secondaire [1] ; il faut cependant mettre hors de ligne les terrains dont l'inclinaison moyenne est évidemment trop faible pour que les effets de *redressement* s'y manifestent ; car il est très-douteux qu'avec une pente inférieure à huit ou dix degrés, ce phénomène puisse offrir quelque intensité.

Une cause bien plus énergique réside dans la nature même de la roche, sa structure intime, sa tendance à la désagrégation, et la manière dont ses couches ou feuillets se présentent à l'action érosive des vagues. L'effort de celles-ci s'exerce dans la direction qui mène de la mer à la côte, mais aussi en allant du bas vers le haut ; la résul-

[1] M. Macculoch affirme que les lignes du Lochaber sont mieux marquées sur des pentes uniformes et presque planes que sur des pentes sinueuses, irrégulières ou ravinées. l. c., p. 323.

tante est une ligne ascendante plus ou moins oblique. Il est impossible que l'effet produit soit le même, si les couches se présentent de champ ou de front. Une roche, peu sensible à l'action de l'air, mais facilement attaquable par les eaux, pourra conserver très-longtemps les vestiges de son érosion; une roche qui réunirait les conditions contraires à celles-ci serait peu propre à réaliser le même résultat. Les montagnes de l'Altenfiord et de toute cette partie de la côte appartiennent aux *terrains de transition;* mais la nature de la roche est très-variable. Les couches calcaires se montrent à Storvignæs, à Talvig, entre Korsnæs et Skillifiord; les roches amphiboliques, sur Seiland et près de Hammerfest; le diallage, les grès quartzeux et les schistes argileux ne sont pas rares. Je n'ai pu juger par moi-même de l'influence qu'exerce chaque espèce de roche en particulier, dans le phénomène qui nous occupe ici. Il serait intéressant de comparer entre eux des échantillons pris, les uns sur les roches érodées, les autres dans les localités voisines, et sur des roches non érodées, quoiqu'à même hauteur; mais il ne m'a pas été possible de rassembler une collection de cette nature.

Je passe à la dernière cause signalée par M. Darwyn, la situation de la ligne relativement aux contours ambiants de la côte. De l'examen des lignes du Lochaber, ce géologue est conduit à considérer une situation méditerranéenne (*inland situation*) comme une circonstance propice à la formation des berges [1]. Ainsi c'est dans le fond des fiords que l'on devrait surtout les retrouver, plutôt que dans les canaux (*sund*) et sur les caps latéraux (*næs*) qui les bordent. D'après M. Lauder Dick [2], c'est autour des promontoires que les lignes se dessinent le mieux. L'inspection de notre carte est, si je ne me trompe, peu d'accord avec la remarque de M. Darwyn; toutefois je dois me hâter de faire remarquer que je n'ai pu visiter la majeure partie des grands fiords et sunds qui bordent la route; je n'ai vu de près ni le fond du Rafsbotten, ni la partie la plus orientale du Jupvig, ni la partie intérieure du Skillifiord et du Næverfiord; le Langfiord, le Stiernsund, le Rognsund me sont totalement inconnus; c'est dans ces parages que l'on pourra retrouver nos lignes de niveau, et combler entre autres la grande lacune qui sépare le Komagfiord du Kongshavnsfield. Quoi qu'il en soit, nul doute ne peut exister *à priori* sur l'efficacité de cette cause considérée sous son point de vue le plus général. Parmi les courants, ceux parallèles à la direction générale de la côte pénètrent moins dans les fiords que dans les sunds; tous peuvent occasionner çà et là des dépôts sous-marins, lesquels, venant à atteindre le littoral, peuvent y déterminer la formation d'une berge qui, sans cela, n'eût point pris naissance. Les vents régnants, parmi lesquels ceux du N. O. sont

[1] Darwyn, l. c., p. 60.

[2] Lauder Dick, l. c., p. 10.

ici les plus terribles, affectionnent volontiers certaines passes, et fouettent la mer suivant des directions assez bien définies. Le Stiernsund, la passe qui sépare Hammerfest et Söröe, laissent plus ou moins libre à la mer du large, l'accès des fiords intérieurs. Sous l'empire de tant de causes, il ne me paraît pas indispensable de recourir avec M. Keilhau à des débâcles de glaces destinées à rendre compte des coupées et érosions de la côte. La débâcle annuelle est ici un phénomène tout à fait insignifiant; l'Alten-elv, le fond du Rafsbotten, la partie la plus interne de la baie du Kaafiord, sont les seules localités comprises dans le cadre de notre carte, qui se congèlent pendant un hiver ordinaire. Les débris des glaçons sont déjà presque entièrement fondus avant d'avoir atteint le Vargsund, et il nous faudrait admettre pendant les périodes anciennes des circonstances météorologiques bien différentes de celles d'aujourd'hui, pour pouvoir doter ce phénomène de quelque efficacité.

Les débris d'animaux marins, les blocs erratiques, et les rochers polis à stries parallèles[1] forment trois ordres de faits géologiques liés avec ceux que nous venons d'étudier; ils ont été observés par M. Keilhau dans toute l'étendue du territoire norvégien, dans le Finmark même, où le savant professeur a hiverné pendant l'année 1827-1828. Dans le mémoire spécial publié à ce sujet[2], M. Keilhau montre que les débris d'ani-

[1] *Indslebne furer, render, rifler,* ou *indslibninger* des géologues norvégiens.

[2] C'est le mémoire déjà cité : « *Om Landjordens stigning*, etc.

maux marins sont répandus sur toute la côte norvégienne, au milieu de dépôts dont la formation est intimement liée avec celle des terrasses et des autres traces du séjour des eaux. Dans le Finmark cependant, je dois dire que les localités où des coquilles marines ont été découvertes dans l'intérieur des terres, sont peu nombreuses jusqu'ici; mais ceci s'explique en partie par le petit nombre de travaux souterrains qu'offre une contrée aussi peu habitée, et dont les maisons sont en bois et simplement posées sur le sol : c'est à Talvig seulement que j'ai pu recueillir des preuves de l'existence de fossiles au-dessus du niveau de la mer. En faisant fouiller, à un demi-mètre sous le sol, dans une partie de la baie très abritée de la houle, nous mîmes à découvert un banc argileux renfermant des *Mya truncata* et *Tellina Baltica*, dont quelques-unes étaient d'une fraîcheur remarquable, recouvertes même des vestiges de leur *drap marin*. La hauteur de la couche coquillière est à 7 mètres au-dessus du niveau des eaux. Ce banc argileux me paraît de nature identique avec ceux dont M. le professeur Keilhau a constaté l'existence sur tout le littoral du royaume, et dont l'origine marine est incontestable. « A Talvig, dit-il « de plus, l'on rencontre çà et là des couches al- « ternantes de sable et argile, et parfois aussi une « couche mince formée de gravier calcaire ; à « Jansnæs, je remarquai parmi ces couches des « coquilles marines à 20 pieds environ au-dessus

Nyt Magazin, 1837. Une courte analyse de ces recherches a été donnée par le journal français *l'Institut*, année 1836, p. 201.

« du fiord [1]. » Peu avant l'époque de mon séjour à Talvig, un petit bassin avait été creusé au bord de la mer pour y faire entrer les bateaux du pays, et l'on avait rejeté sur la grève les matières retirées de dessous les eaux. Ces matières étaient une argile gris-bleuâtre, où je retrouvai, non sans quelque surprise, des coquilles non vivantes et identiques avec celles recueillies à quelques mètres plus haut, mais dans un état encore plus parfait de conservation, et montrant même intérieurement les débris desséchés de leurs mollusques. Ce dépôt d'une formation très-probablement actuelle était donc en tous points l'analogue du dépôt supérieur. On nous fit voir aussi, à mon ami M. Martins et à moi, dans la tranchée des fondations d'une savonnerie, des sédiments sablonneux où nous pûmes recueillir nous-mêmes des échantillons de *Venus Islandica* gisant à quatre mètres au-dessus de la mer; cette coquille, ainsi que les précédentes, se retrouve actuellement vivante dans les mêmes parages.

J'ai également reçu d'autres coquilles (Patelle, Vénus), recueillies auprès de Storvig, à l'extrémité occidentale de l'île de Söröe, dans un dépôt sablonneux situé à plusieurs mètres au-dessus du niveau de la mer; l'élévation serait de 30 mètres d'après l'estimation faite par le donateur, et la localité serait peu éloignée de la maison du marchand norvégien; mais je n'ai pu moi-même la visiter.

[1] Nyt Mag., l. c., pag. 242. J'ignore la situation précise du Jansnæs, et par conséquent si ce banc coquillier est identique avec celui que j'ai eu l'occasion d'observer.

D'un autre côté, les ingénieurs des mines de Kaafiord m'ont fait remarquer, comme une objection à l'existence antérieure de la mer à un niveau plus élevé, que l'on n'avait pas souvenance d'avoir rencontré des débris marins dans les terrasses sédimentaires de Sandfald ou du Kaafiord-elv. Mais il faut observer que le même courant d'eau douce qui détermine le tassement des terrasses fait sans doute reculer les coquilles marines; les eaux du Räfsbotten, celles de la partie interne du Kaafiord, sont très-peu salées, et c'est en grande partie à cette cause qu'est due leur congélation pendant l'hiver.

« Le phénomène des blocs erratiques, selon « M. Keilhau, semble également lié avec les der- « niers changements de niveau. Il nous reporte à « une époque antérieure à ces changements, pen- « dant laquelle des terres hautes actuellement de « plusieurs milliers de pieds étaient encore sous « les eaux; mais cette question est enveloppée de « bien des ténèbres, etc...[1]. »

Ces blocs abondent dans le Finmark; ils y atteignent une taille considérable, puisque l'un d'eux, situé un peu au sud de Bossekop, n'a pas moins de 3 à 4 mètres de hauteur, sur huit mètres suivant chacune de ses deux autres dimensions; ses arêtes sont encore vives, et il paraît avoir été déposé sans secousse sur le terrain meuble qui lui

[1] M. Keilhau (Nyt Mag., l. c., p. 139) penche ouvertement pour l'opinion qui fait transporter ces blocs par des glaces flottantes. Dans la Norvége boréale, il les a observés jusqu'à une hauteur de 1000 mètres au-dessus de la mer.

sert de support. J'ai cru observer de plus que ces blocs étaient surtout abondants un peu en dessous du niveau de notre ligne inférieure. Je citerai comme exemple les blocs nombreux situés entre Fogedgaard et Bossekop, et même au nord de ce dernier lieu, ceux observés sur le point *o* de la carte, où ils étaient entassés au point de masquer la ligne inférieure, que j'ai dû renoncer à mesurer, après l'avoir nettement aperçue du milieu du canal, enfin les blocs innombrables gisant entre Hammerfest et l'embouchure du ruisseau provenant du lac voisin. Je suis loin de dire que ces blocs ne se retrouvent qu'en dessous de la ligne que je viens de désigner ; mais leur prédominance un peu au-dessous de cette lisière n'en est pas moins un fait digne de considération. Des banquises de glaces qui, antérieurement à la période actuelle de repos, seraient venues envahir ces fiords, échouer sur la côte, et y déposer les blocs recélés en leur sein, rendront peut-être quelque jour, un compte satisfaisant de ce phénomène.

Je passe enfin à ces stries parallèles des rochers, sur lesquelles M. Élie de Beaumont avait attiré l'attention de notre commission, et dont la première observation paraît due à M. de Lasteyrie. Les sillons et polissures de rochers se présentent en effet d'une manière fort évidente sur les montagnes de ce district : le Kongshavnsfield, le Skodevara, en offrent de beaux exemples. Pendant notre retour le long des côtes du golfe de Bothnie, principalement lorsque nous longions les rocs de la province suédoise d'Angermanland, nous avons joui bien souvent de la vue du même phénomène[1]; même polissure de la surface, même apparence et même parallélisme entre les cannelures, mais avec une orientation générale assez différente. Les sillons observés dans le Finmark sont donc les analogues de ceux de la Suède vus par MM. Alexandre Brongniart, Sefström, etc.; et sans doute, c'est à une cause pareille qu'ils doivent leur origine. Ces rochers striés peuvent se rencontrer à de très-grandes hauteurs. Ils apparaissent aussi très-près de la mer; on en a la preuve sur le grand rocher quartzeux qui reste au N. N. O. de Bossekop, et qui n'a que 45m d'élévation. J'ai cru retrouver ces stries sur une roche prise très-près du bord de la mer, en dessous de Fogedgaard, ainsi que sur un îlot noir situé au nord du Bratholm, et dont le sommet ne doit pas dépasser une hauteur de 25 mètres. Cet îlot forme, pour ainsi dire, un rocher unique entièrement poli, et imitant un navire renversé, la quille en l'air, avec des *virures* (lignes de juxtaposition des bordages) courant tout le long, dans le sens de sa longueur, et parallèlement entre elles. Je n'insiste pas davantage sur ce phénomène qui, pendant notre séjour dans le Finmark, a été spécialement étudié par l'un de nos compagnons, M. Siljeström; sous peu de temps sans doute il livrera à la publicité ses observations, ainsi que celles du même genre qu'il a recueillies dans la Norvége du Sud.

[1] Le Stuluberg, morne escarpé et poli, sur lequel Linné faillit perdre la vie dans l'un de ses voyages, nous paraît se rapporter à cette même catégorie de faits.

Pour arriver à une exposition des faits uniforme et précise à la fois, j'ai cru devoir, dans le courant de ce mémoire, adopter un langage dérivé d'une interprétation systématique de ces mêmes faits; et comme l'hypothèse des soulèvements du sol me paraît une des plus répandues parmi les géologues, et la plus vraisemblable dans le cas qui nous occupe, c'est de son intermédiaire que je me suis constamment servi; mais il est bien entendu que les termes, *niveau ancien de la mer*, *soulèvement*, *force ascensionnelle*, ne préjugent rien sur le fond de la question, que c'est une forme dont elle a été revêtue, et qu'on pourrait faire disparaître au besoin, sans altérer la valeur intrinsèque des données recueillies. Quoiqu'il ne puisse nullement entrer dans mon plan de discuter les manières fort nombreuses peut-être d'expliquer tous ces phénomènes, je crois cependant devoir faire quelques remarques sur certaines de ces hypothèses que je vais maintenant énumérer.

Je ferai remarquer d'abord qu'on ne peut expliquer les lignes observées par le moyen de lacs dont les barrières auraient plus tard été rompues, comme cela a été tenté pour les lignes du Lochaber, la grande différence de niveau entre les extrémités de nos lignes étant tout à fait incompatible avec ce mode d'explication. A cet égard, qu'il me soit permis d'exprimer le vœu qu'un nivellement géodésique rigoureux soit effectué entre les points extrêmes des lignes problématiques de l'Écosse; car si une inégalité de quelques mètres était constatée, l'hypothèse de leur formation lacustre devrait être abandonnée, et si ces points sont au contraire de niveau, cette même hypothèse en recevrait un haut degré de vraisemblance.

Quelques auteurs qui se sont occupés de la physique du globe, ont fait remarquer qu'un simple changement dans la disposition des masses de la partie interne de la terre, pouvait changer la direction de la pesanteur, sur une étendue plus ou moins grande de sa surface, abaisser ou élever le niveau des eaux, et altérer même l'horizontalité des anciennes lignes de niveau par suite du déplacement de la verticale. Le fait est vrai, sous le point de vue théorique, abstraction faite de ce qui peut paraître invraisemblable ou gratuit dans une supposition pareille; mais à cette manière de voir va se présenter pour nous une grave objection. Pour la mettre en évidence, reportons-nous aux deux séries de nombres qui indiquent, à la page 32, les *ordonnées* verticales des deux soulèvements successifs. La série relative au soulèvement le plus moderne offre une progression régulière qui peut se concilier avec l'hypothèse actuelle ; mais il n'en est pas de même de l'autre série, où une diminution beaucoup trop rapide des altitudes se fait remarquer dans le passage de l'avant-dernier terme au dernier. Je suppose, pour mieux expliquer cette circonstance, que du fond de l'Altenfiord on mène une droite au milieu de la baie de Komagfiord, qu'on la prolonge de là à Rastabynæs, et de Rastabynæs à Hammerfest, ce qui est possible, ces points étant sensiblement en ligne droite : en suivant cette direction, qui est à peu près celle du N. 15° E., nous pouvons diviser les différences de niveau par les distances, et en déduire les pentes moyennes des anciennes lignes en minutes et secondes de degré pour chacun de ces intervalles, et à mesure que l'on s'approche de la mer. Faisons de plus abstraction de la seconde et de la quatrième rangées verticales du tableau de la page 32, lesquelles correspondent à des points que notre alignement laisse à droite ou à gauche, et ayons soin de considérer la ligne supérieure avant le second soulèvement, et d'employer les nombres de la rangée la plus inférieure. En opérant de la sorte, nous trouverons les résultats suivants :

		Second soulèv.	Premier soulèv.
Du sud de l'Altenfiord	au Komagfiord.	38″	44″
Du Komagfiord	à Rastabynæs.	32″	43″
De Rastabynæs	à Hammerfest.	33″	153″

Les différences de niveau employées ne sont pas très-exactement connues, et la carte sur laquelle on a mesuré les distances, n'a pu être dressée, dans ses détails, d'une manière bien rigoureuse : ainsi les angles que nous venons d'obtenir n'ont pas une grande prétention d'exactitude; cependant l'on ne peut, d'après eux, s'empêcher de reconnaître une pente à peu près régulière et d'environ 35″ pour le soulèvement le plus moderne, en marchant dans la direction du N. 15° E.; ensuite une pente plus rapide, et surtout un *changement très-notable d'inclinaison* dans la ligne du soulèvement le plus ancien, en dépassant le cap Rastabynæs. Ce changement est indiqué dans notre carte des profils, par la descente rapide de la ligne ponctuée qui va de s''' à u'''. Je ne puis voir aucune explication plausible de ce fait dans l'hypothèse d'un simple changement dans la direction de la pesanteur, et l'on n'atténue nullement cette difficulté, en recourant à un ou plusieurs soulèvements intermédiaires. Si des phénomènes de fracture de couches peuvent se rencontrer quelque part dans ces parages, c'est donc près de Rastabynæs qu'il est convenable de les chercher.

Si l'on veut admettre maintenant que les terrasses et lignes d'érosion ont été engendrées par de puissants cours d'eau se dirigeant des vallées de l'intérieur vers la mer du Nord, à travers les fiords et les sunds, on devra expliquer, 1° la présence des débris organiques de formation marine; 2° pourquoi les lignes de niveau ne remontent pas d'une manière appréciable dans le fond des vallées pour y être en rapport avec l'accroissement de pente que devaient subitement prendre les rives de ces fleuves sous cette influence locale[1]; 3° d'où pouvait venir l'énorme masse d'eau nécessaire pour encombrer pendant un laps considérable de temps, non-seulement les vallées et les fiords du Finmark, mais aussi sans doute ceux de tout le littoral norvégien.

Des rochers polis, ainsi que des blocs erratiques,

[1] M. Macculoch (l. c., p. 343 et suiv.) montre que cette hypothèse n'est pas applicable à l'explication des lignes du Lochaber, et que la diminution rapide de l'aire de la section de la vallée, à mesure que l'on se rapproche de son fond, aurait dû produire dans cette partie une différence de niveau que l'on ne retrouve pas dans la nature.

se retrouvent en Suisse, analogues à ceux de la Scandinavie; l'on peut croire, et M. Agassiz émet formellement cette opinion [1], qu'on doit leur attribuer une commune origine. Des glaciers beaucoup plus puissants qu'aujourd'hui auraient, d'après ce savant, comblé toutes les vallées, et, par leurs mouvements progressifs de haut en bas, donneraient la clef de ces phénomènes. Cette hypothèse de M. Agassiz peut avoir en effet beaucoup de valeur pour expliquer les blocs erratiques et les rochers polis et striés des deux contrées. Mais je ne pense pas qu'on puisse comprendre dans cette explication les terrasses et les lignes d'érosion de la Norvége, et assimiler les unes à des moraines, les autres aux lignes d'érosion latérales que les glaciers peuvent produire sur les flancs des vallées qu'ils parcourent. Pour celui qui adoptera l'opinion de M. Agassiz, les lignes que nous avons étudiées ci-dessus formeront sans doute un phénomène d'un ordre totalement différent. N'ayant point vu, à l'époque où j'écris, les montagnes de la Suisse, je ne possède point les éléments d'une discussion de cette nature, qui d'ailleurs m'écarterait du plan que je me suis tracé.

Enfin, quant à l'hypothèse même de l'exhaussement du sol, je ne saurais dire non plus si elle satisfera pleinement à tous les documents recueillis. La possibilité d'expliquer par cette voie ce qui se passe sur les côtes de la péninsule scandinave fut mise en avant par Playfair, et même an-

[1] *Bibliothèque univers. de Genève*, vol. XII, 1837, p. 388, etc.

térieurement à lui, par l'auteur danois Jessen, comme nous l'apprend M. Keilhau [1]. M. de Buch, après son retour de son voyage dans le Nord, et sans connaître les opinions de Playfair, émit de son côté la même idée, et avança de plus que le soulèvement de la Norvége était d'une autre nature que celui des côtes de la Baltique. « Il résulte « de là, dit-il, que la couche coquillière de Tromsöe doit sa naissance à d'autres causes que celles « qui élèvent peu à peu la Suède au-dessus de la « mer [2] » M. Keilhau, après avoir pleinement démontré ce dernier fait, établit que le changement total est la somme d'un certain nombre de changements successifs qui ont alterné avec des périodes de repos, et que la Norvége s'est exhaussée pour ainsi dire par saccades (*stödviis*) [3]. Il prouve la longueur de ces périodes par la lenteur avec laquelle se forment nos dépôts sous-marins actuels, et par la puissance des dépôts aujourd'hui à sec, rien n'autorisant à croire qu'ils aient pris naissance sous l'influence d'agents autrefois plus actifs; enfin « s'il ne reste aucun doute, ajoute-t-il, sur « l'existence et la longue durée des périodes de « repos, il en reste encore au sujet de la durée « du soulèvement lui-même; on ne saurait dire « s'il s'est opéré brusquement, comme la côte chilienne en a fourni l'exemple, ou s'il s'est accom-

[1] Nyt Magazin, 1837.

[2] De Buch, *Voyage en Scandinavie*, traduct. d'Eyriès, vol. I, pag. 424.

[3] Magazin, vol. XI, p. 57.

« pli avec une lenteur comparable à celle du sou-
« lèvement actuel des côtes suédoises; la proximité
« de cette dernière localité est un argument en
« faveur de cette seconde manière de voir, suivant
« laquelle la côte norvégienne serait aujourd'hui
« sous le régime de la période de repos, tandis
« que sa voisine du golfe Bothnique serait au con-
« traire dans la période ascensionnelle [1] »

---

§ IV. *Autres lignes d'ancien niveau dans l'Europe boréale.*

Jetons maintenant un rapide coup d'œil sur les faits du même genre qu'offrent les côtes les plus voisines du théâtre de nos recherches, en nous aidant des écrits des voyageurs qui ont exploré ces contrées. Dirigeons-nous d'abord vers les parages du célèbre cap Nord, et nous reviendrons sur nos pas pour visiter les parties les plus australes du littoral.

Sur l'île Rolfsöe, à cinq lieues seulement dans le N. N. E. de Hammerfest, M. Martins a vu une terrasse couverte de cailloux roulés et formant jusqu'à trois étages le long de ses flancs; sa hauteur au-dessus de la mer fut estimée égale à six mètres.

Déjà, dans l'année 1769, une ancienne ligne de la mer avait été vue par Hell, sur l'île Maasöe, située sous le 71e degré de latitude, à 36 milles marins (7 myriamètres) dans le N. E. de Hammer-

[1] Nyt Magazin, 1837, p. 254.

fest. Il la mesura et obtint pour elle une hauteur de 110 pieds viennois (34,8 mètres). « On est « frappé de surprise, dit à ce sujet M. de Buch, « en voyant comment les lignes tracées par les « eaux, quand elles étaient à cette hauteur, cou- « rent parallèlement à la ligne circulaire que dé- « crit l'anse, et sont garnies de coquillages et de « cailloux, comme si elles venaient à l'instant d'ê- « tre laissées à sec [1]. »

Dans le Varanger-fiord, le plus occidental des golfes de la Norvége, M. Keilhau a vu, près de l'embouchure du Ny-elv, des terrasses échelonnées l'une sur l'autre atteindre une élévation d'environ 200 pieds (63 mètres) [2]. Si je ne me trompe, ces deux observations doivent être rapportées à notre ligne supérieure.

Dans le Langfiord, l'un des bras de la baie d'Alten, le même observateur vit une ligne d'érosion très-marquée trancher, sur le flanc sombre des montagnes, par la neige non encore fondue qui remplissait sa concavité; il estima sa hauteur à 50 pieds (16 mètres). Nous avons déjà fait remarquer ci-dessus que cette ligne était probablement le représentant de notre ligne inférieure. Dans le Lögsund, 36 milles marins à l'O. de Talvig, et par 70° 10′ de latitude, une ligne analogue s'offrit aussi à lui [3]. A Tromsöe (69° 40′ latitude), où

[1] De Buch, l. c. vol. II, pag. 58. Le pied viennois vaut $0^{m},3161$.

[2] Nyt Magazin, 1837, p. 244.

[3] Nyt Magazin, 1837, p. 242.

M. de Buch avait depuis longtemps signalé l'existence d'un banc coquillier [1], les terrasses situées vis-à-vis la ville ont été vues et mesurées par l'un de nos compagnons d'hivernage, M. Siljeström.

M. Keilhau cite d'autres lignes d'ancien niveau à Lenvig (69° 20′ latitude) et à Gebostad (69° 15′) [2]. Toutefois ce phénomène paraît se présenter plus rarement à mesure que l'on approche de Drontheim; nous en avons pour garant M. Siljeström, lequel a fait récemment cette traversée en bateau à vapeur et à petite distance de la côte. Mais il reparaît de nouveau dans la partie septentrionale interne du grand fiord de Drontheim. C'est ainsi que près de Fossum (64° 5′ latitude) M. Laing [3] signale, à sept milles anglais (11 kilomètres) dans l'intérieur des terres, une ligne ancienne (*sea beach*) située à 60 pieds anglais (18^{m},3) environ au-dessus de la mer actuelle. La ligne d'adossement de la terrasse de Steenkiær (lieu très-rapproché de Fossum) est à 20 pieds (6^{m},3) au-dessus des eaux du Beitstadfiord, d'après les mesures de M. Keilhau [4]. Mais déjà dans ces parages l'exhaussement total du sol prend une valeur bien autrement importante, puisque dans la vallée contiguë du Figga-elv, les coquilles marines, ou du moins les formations sous-marines qui habituelle-

[1] De Buch, l. c., vol. I, p. 422.

[2] Nyt Magazin, 1837, p. 242.

[3] Laing, *Residence in Norway*, Londres, 1836, p. 333.

[4] Magazin, vol. XI, p. 55.

ment les renferment, atteignent une élévation de 400 ou 500 pieds (environ 140^m)[1].

Au sud de Drontheim, M. Keilhau signale la réapparition des anciennes lignes de niveau, à Bardstavig, à l'ouest de l'entrée du Jörgenfiord, par 62° 20′ de latitude. Dans ce lieu se montrent deux lignes superposées, dont la supérieure est à 600 ou 700 pieds (environ 200^m), et l'inférieure à cent pieds (31^m) au-dessus de l'Océan, d'après l'estimation faite par l'auteur, en passant devant elles. « Nous cinglions vis-à-vis, dit-il, à une heure « de la journée où les effets d'ombre et de lumière « les dessinaient avec la plus grande vigueur; « elles nous parurent parfaitement horizontales, « et comme tirées au cordeau. Ce tableau pitto- « resque nous offrait l'empreinte des trois grandes « périodes de l'histoire géologique de ce lieu, etc.[2] » Un peu au nord du Drags-eid, entre Stavegaard et Beivetgaard (62° 10′ lat.), une ligne ayant une vingtaine de pieds d'élévation; sur le côté oriental de Frösöe, en dedans du Bremangerland (61° 50′ lat.), une ligne estimée à 50 pieds (16^m); un peu au nord de l'église d'Askevold, sur les deux bords du canal qui sépare Atleöe de la terre ferme (61° 24′ lat.), une autre ligne ayant un peu plus de 50 pieds (16^m) d'élévation; ces trois observations sont encore extraites du mémoire de M. Keilhau[3].

Il me reste enfin à mentionner l'ancienne ligne

[1] De Buch, l. c., vol. I, p. 236.

[2] Nyt Magazin, 1837, p. 220.

[3] *Ibid.*, p. 219.

du Nord-östre fiord, déjà citée dans ce mémoire; la mesure barométrique, faite avec deux instruments par MM. Keilhau et Boeck, lui assigne 138 pieds norvégiens (43^{m},3) d'élévation; elle est située par 60° 35′ de latitude. Il est impossible de suivre notre ligne inférieure parmi ces divers points de repère, beaucoup trop espacés. Quant à la ligne supérieure, il est à croire, d'après la hauteur des débris marins, qu'elle conserve une altitude de 150 à 200 mètres dans toute la partie S. et S.-E. du littoral norvégien.

Tel est le relevé des faits encore peu nombreux que j'ai pu recueillir au sujet des lignes anciennes de cette contrée. Leurs analogues connus sont encore plus rares sur le sol de la Suède; cependant il paraît bien établi que son territoire a dû participer à ces mouvements, et les preuves que certaines parties du sol étaient submergées pendant le commencement de la période actuelle, ne manquent pas aux géologues. L'on connaît la découverte faite par M. Alex. Brongniart à Uddevalla [1], découverte depuis devenue célèbre, de valves de balanes encore fixées sur les rochers. La présence dans le sol de coquilles marines analogues aux espèces vivantes a été constatée, pour plusieurs points de la Suède orientale, par MM. Hisinger et Lyell [2] : c'est ainsi que ce dernier en a rencontré à 90 pieds (27 mèt.) de hauteur au-dessus de la mer, et même dans le monticule de transport

[1] Alex. Brongniart, *Des terrains*, etc.

[2] Hisinger, *Anteckningar i Physik och Geognosie*, vol. IV. — Lyell, *Phil. Transactions*, 1835.

(*sandosar* en suédois) sur lequel est bâti le château d'Upsal. Si le phénomène des lignes de l'ancien niveau des eaux est si peu connu dans la partie orientale de la Péninsule, c'est sans doute parce que les côtes en sont généralement basses, comparativement avec les côtes occidentales; qu'ainsi ces lignes doivent être cherchées dans l'intérieur du pays à une considérable distance du littoral actuel, et qu'en ces points la faible inclinaison du sol a dû très-souvent les oblitérer, et la culture en détruire les vestiges. Je ne m'écarterai pas de mon plan, en consignant ici deux observations faites pendant notre retour à travers ce royaume.

Près de l'embouchure du Piteaº-elf, un peu au nord et à peu de distance de ses bords, la grande route de Torneaº à Stockholm suit horizontalement le pied d'une terrasse analogue à celles du Finmark, et haute d'environ 15 mètres. La banquette horizontale sur laquelle est tracée la route, forme elle-même un premier gradin intermédiaire, à 20 mètres environ au-dessus des eaux du fleuve.

La route de Stockholm à Gottembourg (Göthebörg), à quatre lieues de cette dernière ville, débouche dans la vallée du Götha-elf par une vallée secondaire assez évasée, et presque perpendiculaire au fleuve. En face du confluent, s'élève sur l'autre rive une longue colline, plane au sommet, et courant parallèlement à la vallée principale. Une ligne d'érosion ou de ressaut des plus remarquables sillonne horizontalement et sur une grande étendue le versant oriental de cette montagne, à une élévation de 30 mètres, d'après une moyenne entre mon estimation et celle de mon compagnon de route. L'on peut ajouter 2 à 4 mètres à cette hauteur pour la ramener des bords du fleuve à ceux de la mer. La faible distance qui sépare ce lieu de la côte norvégienne, et surtout de la ville d'Uddevalla, les coquilles marines de la vallée du Götha-elf citées par Lyell [1], rendent très-probable que cette ligne est réellement de formation marine.

Tous ces faits, et leurs analogues, qui établissent des changements récents de rapport entre la terre et la mer, sont, nous le savons, loin d'être circonscrits à la péninsule scandinave : peut-être est-il peu de rivages un peu étendus qui n'en offrent ou ne puissent plus tard en offrir de pareils, à la suite de plus nombreuses et de plus complètes investigations. Pour ne pas quitter les régions boréales de notre Europe, nous mentionnerons les observations de M. Keilhau sur le Stans-Foreland (Spitzberg), et de M. Eugène Robert dans la baie de Bell-Sound (Spitzberg). L'on peut, d'après elles, s'attendre à retrouver au Spitzberg des traces de soulèvements récents que rien jusqu'ici n'empêche de croire contemporains de ceux de la Norvège. Le nord de l'Écosse [2], plusieurs parties du littoral de l'Angleterre proprement dite [3], ont aussi leurs

[1] *Phil. trans.*, 1835, p. 30.

[2] « Sur les bords du Forth, jusqu'à 12 pieds (4 mètres) au-« dessus de la mer, on trouve des dépôts coquilliers marins. » Boué, *Essai géologique sur l'Écosse*, p. 336.

[3] On peut voir dans Lyell (*Princ. of geol*, vol. IV, p. 173) l'indication des terrasses de la côte de Sussex, observées par M. Murchison.

dépôts marins et même leurs lignes d'ancien niveau, telles que seraient, par exemple, suivant M. Darwyn, celles du Lochaber déjà citées. Les côtes de France ne paraissent pas devoir faire exception à cette loi. Mais plus l'observateur s'avance vers les zones tempérées, et plus ces traces doivent tendre à s'effacer sous l'influence des travaux agricoles. Aussi les géologues sont-ils encore loin de pouvoir préciser les rapports qui unissent entre eux les soulèvements de ces diverses contrées.

La possibilité de suivre les lignes anciennes de la mer sur un considérable développement, et de mettre hors de doute la continuité de leurs diverses parties, l'existence dans le Finmark de deux de ces lignes également distinctes et d'une troisième moins évidente, enfin leur défaut habituel de parallélisme soit entre elles, soit avec le niveau actuel de la mer arctique, tels sont les faits généraux qui découlent de l'ensemble de ce travail. Quant aux données numériques, vu leur isolement et leur nombre trop restreint, elles n'ont point encore toute la valeur désirable; mais elles sont de nature à devenir plus importantes, à mesure que des observations exactes viendront fournir de nouveaux documents à cette hydrographie antéhistorique. Grâce à la sollicitude éclairée du gouvernement norvégien, les portions de ce vaste état les moins accessibles naguère, deviennent aujourd'hui facilement abordables aux voyageurs, et surtout à ces hommes du Nord si zélés et si savants, auxquels l'histoire naturelle scandinave a dû, depuis un siècle, ses éclatants progrès. C'est sous l'empire favorable de ces circonstances que la science géologique peut appeler hautement sur ces obscures questions des lumières qui ne sauront longtemps lui manquer.

NOTES.

Sur une méthode pour retrouver en Finmark le niveau moyen de la mer.

Le *fucus vesiculosus* est une algue marine si abondante dans ces parages, que, sauf de courtes lacunes dues à une moindre salure des eaux, elle tapisse d'une bordure continue les parties internes des fiords et des sunds du Vest-Finmark. Si le niveau des eaux était dépourvu de ses oscillations habituelles, il est probable que, dans des bras de mer si tranquilles, ce fucus atteindrait précisément la ligne du niveau constant, ou la dépasserait de fort peu. Mais les marées y sont très-sensibles, et le niveau des eaux peut varier de un et même deux mètres en dessus ou en dessous de sa position moyenne. Cette circonstance modifie la hauteur-limite à laquelle ces fucus peuvent atteindre; mais il est à croire que leurs conditions de vitalité sont nettement définies, puisqu'ils s'arrêtent brusquement à une même hauteur. C'est un agréable spectacle à voir, de mer basse, ces herbes pendantes au-dessus du miroir des eaux, dessiner le long des falaises nues une raie jaunâtre dont l'œil saisit aussitôt le parallélisme avec le rivage.

Après avoir constaté la différence en hauteur de cette ligne-limite et du niveau moyen, d'après nos observations de marées, je dus rechercher si elle ne variait point à des distances un peu grandes, ou sous l'influence de quelque autre agent. L'exposition à une mer plus ou moins forte et lointaine pouvait être une cause douée de quelque efficacité. Plus l'eau est sujette à être agitée, plus les herbes marines du rivage ont de chances d'être lavées par elle, et plus ces herbes doivent gagner en hauteur sur les rochers du littoral.

Ayant comparé entre elles, sous ce point de vue, les deux *lignes de fucus* qui ceignent, l'une au nord, l'autre au sud, le promontoire de Bossekop, je vis en effet que la ligne septentrionale exposée au vent et à la mer de l'Altenfiord, atteignait une hauteur de 64 centimètres au-dessus du niveau moyen, et que celle du sud, entièrement abritée, ne s'élevait qu'à 48 ou 50 centimètres. Une troisième observation eut lieu à Hammerfest, dans une localité moyennement houleuse, et je trouvai cette fois 60 centimètres pour la hauteur.

Ainsi, en adoptant $0^{m},6$ pour l'élévation de la ligne des fucus dans le Finmark, on ne s'exposera guère à une erreur qui puisse dépasser un décimètre. Voilà donc un repère suffisamment exact pour retrouver le niveau moyen, tant que l'on ne voudra pas étayer sur cette base des mesures d'une grande précision. Si l'on négligeait ce secours, et toute correction relative aux variations de niveau, l'on serait exposé à des erreurs qui peuvent s'élever à 1 ou 2 mètres, par suite des marées, de l'action des vents régnants, et de l'influence des grandes perturbations barométriques propres à ces climats.

Notablement élevée au-dessus du niveau moyen, la ligne des herbes marines *veille* le plus souvent. Recouverte par la haute mer, l'on peut néanmoins, vu les pentes accores de la côte, la retrouver d'ordinaire sous la surface transparente des eaux, et mesurer son degré de submersion. L'on devra prendre pour point de départ la base des fucus, et non la partie libre extrême qui tend alors à s'élever vers la surface, en raison de sa légèreté due à l'air emprisonné dans ses vésicules; l'on ajoutera $0^{m},6$ à la profondeur ainsi obtenue, et la somme sera la correction qui doit être appliquée au niveau actuel pour le ramener au niveau moyen. Enfin, dans le cas exceptionnel où la marée serait assez forte pour empêcher d'apercevoir sous l'eau la ligne des herbes marines, l'on pourra se contenter d'adopter une correction égale à un mètre; de la sorte, l'on diminuera d'autant l'erreur qui eût été commise, en négligeant entièrement d'avoir égard aux variations du niveau des eaux.

Tels sont les motifs qui m'ont engagé à prendre pour base des mesures hypsométriques la ligne des algues marines, aussi souvent que la chose a été possible.

Sur le niveau moyen, aux époques des lignes anciennes.

Nous avons déjà dit que la configuration du littoral occidental de la Norvége devait, en raison de la rapidité des pentes, avoir été peu altérée par ses soulèvements successifs. Tout porte donc à croire que, pendant ces périodes anciennes, l'état moyen d'agitation de la surface des eaux était en chaque point sensiblement le même qu'aujourd'hui. Les marées elles-mêmes devaient avoir une valeur peu éloignée de leur valeur actuelle; car nous ne devons pas perdre de vue que nous ne sortons point en ce moment de la période géologique au commencement de laquelle a été définitivement fixée la forme générale des grands continents.

Malgré ces hypothèses plausibles destinées à rendre l'état ancien à l'époque du soulèvement comparable avec l'état actuel, les faits nous manquent pour que nous puissions, d'après une ligne d'érosion, quelque nette qu'elle soit, ou d'après une berge ou terrasse, quelque horizontale qu'elle puisse être, retrouver exactement le niveau moyen de la nappe liquide qui a présidé à ces formations. Pour éluder en partie ces difficultés, et rendre les mesures plus comparables entre elles, j'ai pris autant que possible pour point de départ du nivellement, l'angle *interne* de la ligne d'érosion, ou le sommet du rebord de la terrasse, comme on peut le voir, sur la série des profils, d'après les points d'intersection des lignes ponctuées avec les divers profils du terrain. Mais ces points ne correspondent pas rigoureusement à l'ancien niveau moyen, et une différence doit exister soit en plus, soit en moins. Ainsi une correction devrait être appliquée à tous nos résultats, et c'est l'impossibilité seule d'en fixer la valeur qui m'a empêché d'en faire usage.

D'après quelques observations comparatives, malheureusement en petit nombre, sur l'action qu'exerce la même mer sur son rivage actuel, je suis porté à croire que le bas de l'escarpement, ou, si l'on veut, le sommet de la berge, est plus haut que le niveau moyen des eaux. Cet effet est sensible au bas de la pente de Sandfald au point *a* (fig. 1), dans le Komagfiord en *m* (fig. 5), à Rastabynæs en *r* (fig. 6), dans le Rypfiord à l'est du point *t*, enfin à Hammerfest en *x* (fig. 8), si toutefois, dans cette dernière localité, l'élévation de la coupée qui domine la plage n'est pas le résultat d'un soulèvement précédent. Dans tous ces divers lieux, la grève s'étend vers l'intérieur des terres *notablement au delà de la limite des herbes marines*. Dans le Komagfiord, en regardant de profil le cap *m*, je pouvais très-bien observer cet excès de hauteur de l'angle interne du redressement : je l'ai estimé de $0^m,5$ ou 1^m. A Rastabynæs, c'est à un mètre au-dessus des herbes qu'il faut chercher l'adossement d'une ligne de ressaut actuelle analogue à la ligne ancienne sise quelques mètres plus haut. D'un autre côté, si nous jetons les yeux sur la plaine de transport qui borde l'embouchure de l'Alten-elv, et sur le delta analogue du Kaafiord-elv, nous reconnaîtrons que le niveau supérieur des terrasses doit dépasser de 1^m, 1^m5, ou même plus, le niveau moyen de la mer.

D'après ces diverses données, en admettant que l'exactitude de ces indications n'est point altérée par un soulèvement actuel assez lent pour avoir échappé aux observateurs, et en tenant compte de la hauteur propre de la limite des algues, nous estimerons à $1^m,5$ la valeur de la soustraction à faire sur les résultats de nos mesures, ce qui diminue d'autant la force effective du dernier soulèvement, sans rien changer à la valeur de ceux qui l'ont précédé. Je ne doute pas qu'avec une observation attentive des lignes soit anciennes, soit modernes, et quelques sondes nécessaires pour pouvoir comparer la pente du sol en dessus et au-dessous de la ligne du rivage, l'on ne puisse déterminer une valeur moyenne suffisamment exacte de cette correction. Si de plus les géologues observent en même temps l'intensité des érosions actuelles et l'intensité des érosions passées, s'ils joignent à cet élément physique des données historiques sur la durée *minimum* du temps écoulé depuis le soulèvement le plus moderne, il est permis d'espérer que l'on parviendra à posséder des limites inférieures pour la longueur des périodes de repos pendant lesquelles ont été élaborées les lignes anciennes que nous observons aujourd'hui.

Extrait de l'ouvrage intitulé : ***Voyages de la Commission scientifique du Nord en Scandinavie, en Laponie, etc.***

Paris.—Typographie de Firmin Didot frères, rue Jacob, 56.

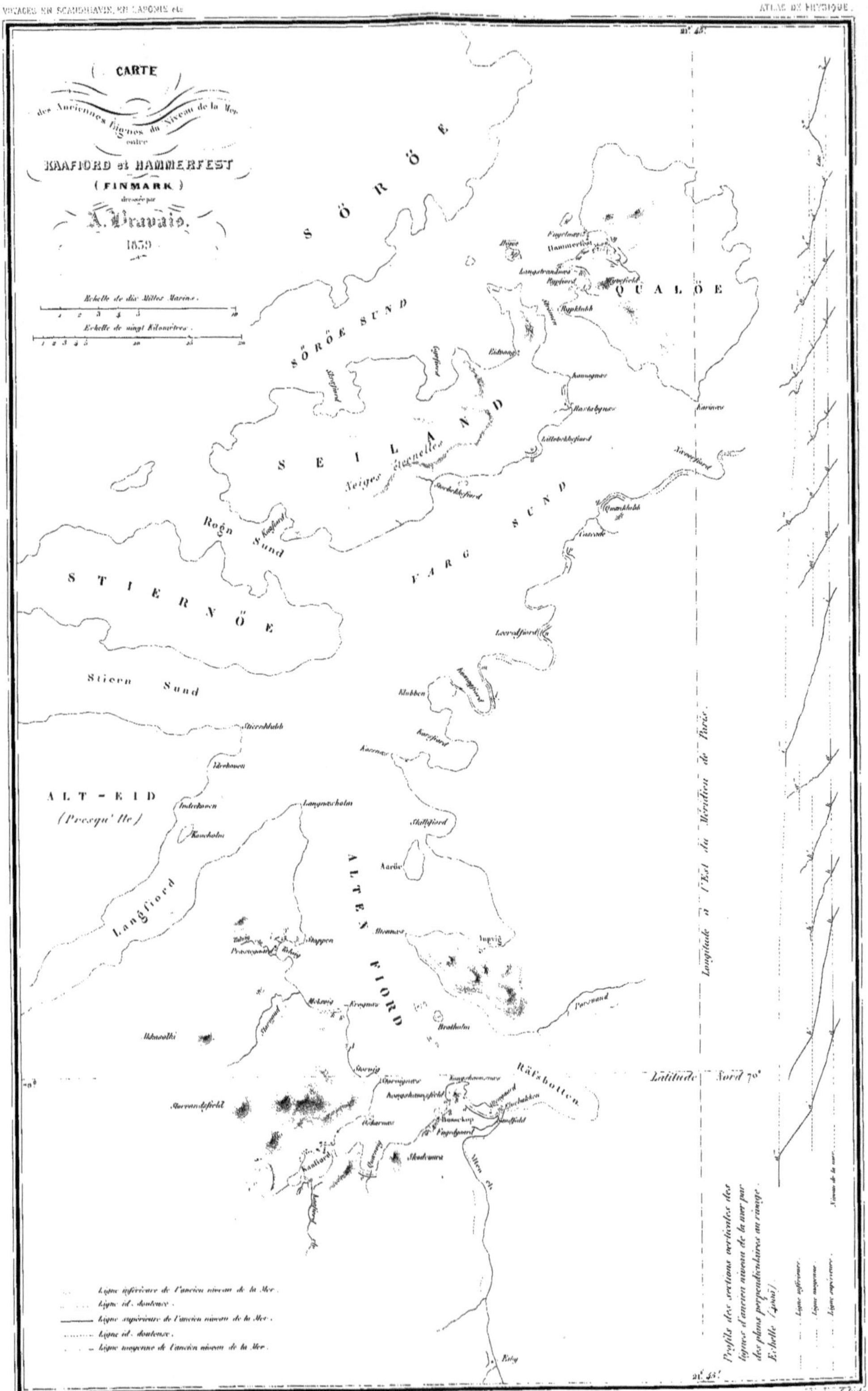

CARTE des Anciennes Lignes du Niveau de la Mer entre KAAFIORD et HAMMERFEST (FINMARK)

dressée par A. Bravais. 1839

Echelle de dix Milles Marins.

1 2 3 4 5 10

Echelle de vingt Kilomètres.

1 2 3 4 5 10 15 20

21° 45'

SÖRÖE

SÖRÖE SUND

QUALÖE

Fuglenæs

Hammerfest

Höie

Langstrandnæs

Rypfiord

Rypklubb

Eidvaag

Komagnæs

Rastabynæs

Karinæs

Lillebokkefiord

Storebokkefiord

SEILAND

Neiges éternelles

Rogn Sund

St. Kaafiord

STIERNÖE

VARG SUND

Qvalsklubb

Catcade

Leirelfiord

Klubben

Stiern Sund

Stiernklubb

Korsfiord

Korsnæs

ALT-EID (Presqu'île)

Indrehavn

Langnæsholm

Skillfiord

Aarö

ALTEN FIORD

Langfiord

Talvig

Præstegaard

Skoppen

Mekavig

Kvænæs

Isnæs

Brattholm

Porsund

Ukksoalki

Storvig

Räfsbotten

Latitude Nord 70°

Storvandsfield

Bossekop

Kaafiord

Skadevara

Alten elv

Elvebakken

Longitude à l'Est du Méridien de Paris.

Profils des sections verticales des lignes d'ancien niveau de la mer par des plans perpendiculaires au rivage. Echelle (1/5000).

Ligne inférieure. Ligne moyenne. Ligne supérieure.

Niveau de la mer.

Ligne inférieure de l'ancien niveau de la Mer.

Ligne id. douteuse.

Ligne supérieure de l'ancien niveau de la Mer.

Ligne id. douteuse.

Ligne moyenne de l'ancien niveau de la Mer.

21° 45'

Paris, lithog. Bertrand éditeur.

Gravé par T. Zäde

www.ingramcontent.com/pod-product-compliance
Ingram Content Group UK Ltd.
Pitfield, Milton Keynes, MK11 3LW, UK
UKHW020354180726
13839UKWH00003B/1106

9 782329 605838